숲은 고요하지 않다

숲은
고요하지
않다

식물, 동물,
그리고 미생물
경이로운
생명의 노래

마들렌 치게 지음 ─ 배명자 옮김 ─ 최재천 감수

흐름출판

이 책에 쏟아진 찬사

자연과 생태 분야에서 《숲은 고요하지 않다》를 최고의 책으로 꼽는 데 주저하지 않겠다. 과학 정보가 풍성하면서도 문학적이다. 문학적인 과학책을 우리말로 옮기는 게 결코 쉽지 않은 일이지만 번역마저 아름답고 정확하다. 저자는 "생명의 진면목은 구조에 있다"라는 문장으로 책을 시작할 정도로 '구조'를 중요시한다. 다양한 층위에서 일어나는 정보 흐름의 구조화가 잘 되어 있다. 동물의 형태에서 분자 차원에 이르는 흥미진진한 예를 따라 생명과 자연의 의사소통을 좇다 보면 어느새 "살아 있는 모든 것은 정보를 주고받는다"라는 마지막 문장에 이르게 된다. 판타 레이!

– 이정모(국립과천과학관장)

생명체들끼리 소통하는 일, 바이오 커뮤니케이션(Biocommunication)에 대한 정보를 그동안 단편적으로 접해오면서 갈증을 느껴 왔는데, 체계적이고도 다양한 예시를 통해 자연의 언어가 어떻게 생산되고 소비되는지, 이 책을 통해 이해가 되었다. 마들렌 치게는 그들의 대화를 엿듣고 자연의 질서에 공감하는 것이 최고의 힐링이며, 놀라운 통찰력을 갖게 된다고 말한다. 우리도 자연의 일부이기에 나무와

새, 곤충, 물고기들의 속삭임을 알아듣기를 원한다면, 이 책을 들고 숲으로 가야 한다.   **- 나무의사 우종영(《나는 나무처럼 살고 싶다》의 저자)**

숲에 사는 나무와 풀 그리고 새와 버섯은 언뜻 각자의 삶을 살고 있는 것 같지만 자세히 들여다보면 서로 긴밀히 소통하며 공존한다. 마치 우리가 사는 인간 사회처럼.

이 책에는 우리가 알지 못했던 생물의 소통 방식, 자연의 언어가 담겨 있다. 내가 숲에서 보았던 꽃잎이 왜 새하얗게 빛나고 있었는지, 새들이 지저귀는 소리는 왜 관현악단의 악기 소리처럼 들렸는지…. 저자는 내가 숲에서 문득 궁금해했던 것들의 원리를 이야기한다.

무엇보다 이 책을 읽고 나는 숲의 소리와 형태, 냄새의 변화 같은 것을 더 세밀하게 감각할 수 있게 되었다. 숲의 생물들이 소통하는 방식은 코로나 시대 각자의 시공간에 갇혀 있는 우리에게 훌륭한 교본이 되어줄 것이다.

    - 이소영(식물세밀화가)

자연이 얼마나 수다쟁이인지, 경이로울 정도다. 유머 넘치는 이 즐거운 책은 당신에게 새로운 지식을 깨우쳐 줄 것이다.

- 페터 볼레벤(《자연 수업》의 저자)

지구 생명체와 끈끈한 유대를 지속하고 싶은 모든 이를 위한 매혹적인 책!

- Umweltnetz-schweiz.ch(스위스 환경재단)

마들렌 치게라는 이 현명한 여성생물학자는 박테리아들의 놀랍도록 영리한 의사소통 방식을 알아듣기 쉬운 말로 설명하고, 야생토끼들의 합의 방식 혹은 오소리가 국경 공중변소를 통해 동료들에게 경고를 보내는 방법을 얘기해준다. 버섯이 덫을 놓고, 물고기가 거짓말을 하고, 여우와 전나무가 서로에게 잘 자라고 인사한다. 머릿속을 환히 밝혀주는 뇌의 양식!

-《OÖN(북오스트리아 신문)》

첫눈에 매료되고 말았다. 숲속 친구들의 소리 없는 대화가 놀랍도록 쉽고 흥미롭기만 하다!

-《Kurier(오스트리아 빈 지역신문)》

미소를 머금고 감탄하며 읽을 수 있는 책!

-《Radioeins Rbb(베를린 브란덴부르크 라디오)》

숲도, 당신의 정원도 결코 고요하거나 조용하지 않다. 마들렌 치게가 놀라운 과학 지식을 바탕으로 쉽고 재미있게 그 이유를 말해준다.

-《Kronen Zeitung(오스트리아 최대 신문)》

여성생물학자 마들렌 치게는 놀라운 일을 탐구했다. 이 책을 읽으시라. 그럴만한 가치가 충분하다.

-《News(독일 잡지)》

숲과 여러분의 정원에서는 모든 것이 조용하고 고요하다. 마들렌 치게가 가볍고 재미있는 방식으로 그리고 놀라운 과학적 지식을 사용하는 것처럼 말이다.

-《Kronen Zeitung(오스트리아 신문)》

깔끔하면서도 재치 넘치는 설명으로 가득하다!

-〈WDR(서독일방송국)〉

이 책 이후로, 동물과 식물의 의사소통이 완전히 새롭게 재조명될 것이다.

-〈ZDF(독일 공영방송)〉

숲은 고요하지 않아야 한다

저는 대한민국 최초의 열대생물학자(tropical biologist)입니다. 물론 저 이전에도 열대에 다녀온 학자들은 있었지만 여러해 동안 열대 정글 속에 머물며 그곳에 서식하는 생물의 행동과 생태를 연구한 사람은 아마 제가 처음일 겁니다. 그런 제가 국내에서는 좀처럼 산에 가지 않는다면 믿으시겠습니까? 다른 연구자들과 프로젝트를 수행하기 위해 어쩔 수 없이 가는 경우를 제외하곤 자발적으로 숲을 찾는 일은 매우 드뭅니다. 우리 숲이 너무 고요해서 싫습니다. 세계가 칭송하는 녹화운동 덕에 우리 산들은 짧은 기간 내에 민둥산 몰골을 벗어던지고 푸른 빛을 띠게 됐습니다. 그러나 이제 겨우 나무들이 자라기 시작했을 뿐 아직 동물들이 돌아오지 않아 여전히 너무 고요합니다.

제가 열대의 숲을 처음 찾은 것은 1984년 여름이었습니다. 난생 처음 들어선 정글은 결코 고요하지 않았습니다. 저 높이 수관부를 스치는 싱그러운 바람 소리를 배경으로 온갖 동물들의 노래 경연에 귀가 먹먹할 지경이었습니다. 무슨 연유인지 소낙비가 퍼붓기 직전에는 동물들의 경연이 극에 달하더군요. 저는 중남미 열대에서 연구를 시작했습니다. 귀국한 이후로는 주로 동남아시아 열대에서 연구를 이어가고 있습니다. 2018년에는 아프리카 동쪽 마다가스카르 섬의 마로제지국립공원(Marojejy National Park)에 다녀왔습니다. 그곳에서 저는 놀라운 발견을 했습니다. 그동안 제가 드나들던 중남미와 아시아 정글의 음경(音景, soundscape)은 곤충과 새가 내는 소리로 이루어져 있었는데, 마로제지의 음경은 놀랍게도 개구리들이 주가 되어 만들어내고 있었습니다. 지역에 따라 숲 오케스트라 단원의 구성이 이렇게 다를 줄은 미처 몰랐습니다.

이 책의 저자 마들렌 치게는 독일 프랑크푸르트 괴테대학교에서 도시와 시골에 사는 야생 토끼의 의사소통 행동을 비교하는 연구로 박사 학위를 취득한 동물행동학자입니다. 저는 동물행동학을 종종 '동물정보통신학'이라 부릅니다. 특정한 동물이 왜 그런 행동을 하도록 진화했는지를 연구할 때 그들에게 직접 물어보거나 그들이 나누는 대화를 엿들을 수 있다면 아주 손쉽게 답을 얻을 수 있을 텐데 현실은 그리 녹록치 않습니다. 저자는 책의 첫 단원에서 대놓고 "모든 생명체는 소통한다"고 단언합니다. 우리가 알아듣지 못해 그렇지 세포(cell), 조직(tissue), 기관(organ)에서 개체(organism)와 개체군(population) 수준에 이르기까지 살아 있는 모든 생명체는 정보를 생성하고 전달하며 그 정보의 내용을 해석하고 그에 따라 행동합니다. 스마트폰 없이는 단 하루도 살 수 없을 것 같은 현대인의 삶과 마찬가지로 다른 생물의 삶도 온전히 정보통신에 의존합니다.

동물행동학에서는 오랫동안 동물의 의사소통은 발신자와 수신자의 상호협력 관계에서 일어나는 현상이라고 생각했습니다. 그러나 저자가 베를린에서 프랑크푸르트로 가는 기차의 식당칸에서 목격한 노신사와 점원의 대화에서 보듯이 의사소통은 본래 정보를 보내는 자와 그를 수신하는 자가 동등한 입장에서 서로 협력하며 얻어내는 결과가 아니라는 겁니다. 이는 전통적인 동물행동학(ethology)이 생태학(ecology)과 만나 행동생태학(behavioral ecology)으로 융합되던 1980년대에 등장한 새로운 관점입니다. 의사소통은 발신자의 조종과 수신자의 반응 사이에서 벌어지는 조절 과정입니다. 그래서 소통은 원래 잘 안 되는 게 정상입니다. 그러나 사회를 구성하고 사는 동물에게 소통은 선택이 아니라 필수입니다.

이 책에는 다양한 동물들이 그들이 처한 환경에서 치열하게 밀고 당기는 소통의 현장이 흥미진진하게 묘사되어 있습니다. 특히 평범한 동물행동학 책들과 달리 이 책은 시골을 떠나 도시에 정착한 동물들이 어떻게 훨씬 복잡해진 환경에 적응하며 소통의 문제를 해결하고 사는지 설명합니다. 이처럼 '이촌향도'를 감행한 용감한 동물들은 우리 인간과 똑같이 '창의력'과 '유연성'이 뛰어납니다. 코로나19를 겪으며 사람들이 집에서 나오지 못하자 세계 각지에서 야생 동물들이 도심에 나타나 활보하는 일이 벌어졌습니다. 그들도 늘 우리의 생동을 지켜보고 있다는 반증입니다. 이 책을 읽다 보면 앞으로 시골은 물론 도시의 환경도 공유하며 살아야 할지 모를 토끼, 멧돼지, 너구리, 여우 등의 행동과 소통에 관해 알게 되는 즐거움을 느끼게 될 겁니다. 숲뿐 아니라 도심도 우리와 동물이 한데 어우러져 사는 소리로 인해 고요하지 않은 곳이 되면 정말 좋겠습니다. 그러면 오히려 역설적으로 코로나19 같은 팬데믹도 줄어들 겁니다. 함께 해야 아름다운 세상이 됩니다.

최재천
이화여대 에코과학부 석좌교수
생명다양성재단 대표

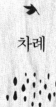

차례

생명의 비밀

마들렌 치게

생명의 진면목은 구조에 있다.
손 두 개, 눈 두 개? 모든 게 유의미하다!
생명은 질서가 필요하고 그래서 동시에 질서를 만든다.
생명의 비밀: 체계적으로 발달한다.

태양, 물, 영양소,
벌레에서 소까지 모두가 물질을 교환한다.
생명은 생성하고 동시에 소멸한다.
에너지가 없으면 아무것도 하지 못한다.

생명은 활기차게 번식하고,
아주 먼 곳까지 가서 정착한다.

분열은 식은 죽 먹기다.
하나가 둘이 되고, 둘이 여럿이 된다.

비밀은 오래 유지되지 않는다.
생명은 오늘 벌써 내일의 정보를 안다.
검객의 검처럼 날카로운 감각,
생명은 뜨거운 것에 반응한다.

수천 년 된 나무 기둥,
생명은 자라고 움직인다.
느릿느릿 달팽이 혹은 훌쩍 뛰어오르는 고양이,
움직임은 생명을 젊게 유지한다.

그리스의 격언처럼, 판타 레이,*
생명은 끊임없이 새로운 질문을 한다.
모든 것은 흐르고 연결되어 있으며,
생명은 자기 자신을 탐구하고자 한다.

---

* 'Panta rhei'는 그리스어로 모든 것은 흐른다는 뜻이다. 생명은 성장과 소
멸이라는 지속적인 변화를 겪는다.

모든 생명은 대화한다

오늘 당신은 누구와 얘기를 나눴는가? 배우자? 반려동물?
아니면 화초? 심리치료사이자 커뮤니케이션 전문가인 파울
바츨라빅(Paul Watzlawick)은 이렇게 말했다.

"인간은 소통하지 않을 수 없다. (말로 하는 소통만이 아니라)
모든 의사소통은 행동이고, 인간이 행동하지 않을 수 없는 것
과 마찬가지로, 소통하지 않을 수 없기 때문이다."

그러므로 우리가 다른 사람들, 즉 가족, 친구, 직장동료들
과 끊임없이 정보를 교환하는 것은 당연하다. 그렇다면 지구
에 사는 다른 생명체는 어떻게 소통할까? 파울 바츨라빅의 말
에서, '인간'을 박테리아, 식물, 동물로 바꿔도 될까? 그래서
그들 역시 "소통하지 않을 수 없을까?"

이 책이 다룰 내용은 '바이오커뮤니케이션(Biocommunication)'

이라는 개념으로 요약된다. 모든 생명체는 능동적으로 정보를 주고받는다. 그렇게 소통할 수 있다! 그리스어 'βίος/bíos'에서 유래한 '바이오(Bio)'는 간단히 말해 '생명'을 뜻한다. 라틴어 'commūnicātiō'에서 유래한 '커뮤니케이션(communication)'은 대략 '메시지'를 뜻한다. '생명'과 '메시지'는 환상의 짝꿍인데, 식물이나 동물 같은 생명체는 주변 환경의 메시지를 받아 그것에 반응해야 한다. 작은 버섯에서 아주 큰 나무에 이르기까지, 숲에 사는 생명체들도 전달할 메시지가 아주 많다. 그러므로 숲이 고요하다고 말하는 사람은 아직 제대로 귀 기울여 듣지 않았을 뿐이다!

자연은 위대하다

내가 처음으로 바이오커뮤니케이션에 매료된 곳은 나의 고향 브란덴부르크의 숲, 들판, 냇가였다. 그곳에서는 새들이 짹짹짹 지저귀고, 소들이 음메 울고, 냇물이 졸졸졸 흘렀다. 나는 어려서부터 주변 생명체들과 소통하는 연습을 했다. 내가 제일 좋아하는 책에 실린 여러 동화, 신화, 전설들이 내 손을 들어주었다. 거기에서는 사람과 동식물이 얘기를 나눌 수 있고, 절망적인 상황에서 자연의 지혜가 영웅들을 도왔다. 예를 들어, 고대 켈트 문화에서 자연과의 소통은 당연시되던 일이었다. 아이슬란드와 아일랜드의 일부 주민들은 새로운 건

설 프로젝트가 있으면 지금도 여전히 '어머니 대자연'에 허락을 구한다. 일본 홋카이도섬에 사는 아이누 원주민 역시 자연과의 고유한 유대를 강화하기 위해 정기적으로 동식물과 소통한다. 대답을 기대하지 않는다면, 무엇 때문에 다른 생명체와 대화를 시도하겠는가?

물고기들은 어떤 말을 주고받을까?

나는 포츠담대학에서 생물학을 공부했다. 내가 걸어야 할 길은 금세 명확해졌다. 나는 행동생물학자가 되기로 했다! 동물들이 왜 그렇게 행동하는지 그리고 무엇보다 어떻게 서로 소통하는지 전부 알고 싶었다. 특히 고양이가 흥미로웠고 그래서 이 신비로운 동물의 의사소통 방식을 연구하는 것이 나의 목표였다. 그러나 인생이 다 그렇듯, 일은 생각과는 전혀 다르게 진행되었다. 나는 석사 논문을 쓰는 내내 멕시코에서 고양이와 전혀 무관하게 지냈다. 나의 첫 번째 연구대상은 생뚱맞게도 물고기였다. 동물의 의사소통을 연구하는 데 물고기는 그다지 흥미로워 보이지 않았고, 그래서 처음에는 물고기의 행동연구에 큰 관심이 없었다. 그러나 '나의' 물고기들은 달랐다!

대서양 몰리(Poecilia mexicana)와 감부시아 모기물고기(Hetero-phallus milleri)는 체내수정을 하여 알이 아닌 새끼를

대서양 몰리는 수컷(위)이 여러 암컷(아래) 중에서 선택하여
정자를 암컷 몸 안에 넣으면, 거기에서 수정이 이루어진다.

낳는 물고기로, 왕성한 성생활을 누린다. 일반적으로 물고기
들은 이성 교제가 필요 없다. 체외수정을 하기 때문이다. 암
컷이 알을 낳고 수컷이 그 위로 헤엄쳐 지나면 끝!

그러나 대서양 몰리나 감부시아 모기물고기처럼 새끼를
낳는 물고기들은 체내수정을 한다. 체내수정을 하려면 수컷
의 정자가 어떻게든 암컷의 몸 안으로 들어가 그곳에서 난자
와 하나로 합쳐져야 한다. 이런 방식으로 수정을 하려면, 당
연히 암수 사이에 의사소통이 충분히 이루어져야 한다!

수컷과 암컷의 '대화'가 그렇게 어려운 도전과제가 아니더
라도, 떼 지어 사는 물고기들은 자동으로 거대한 통신네트워

크의 일부가 된다. 그래서 수컷과 암컷 단둘이 아무 방해 없이 오롯이 소통하기가 힘들다. 두 연인이 주고받는 사랑의 대화를 무리의 다른 물고기들도 들을 수 있고, 엿보거나 엿듣는 물고기가 늘 있기 마련이다. 나의 석사 논문은 바로 이런 '삼각관계 소통'에 관심을 두었다. 예를 들어, 나는 수컷이 다른 구경꾼 수컷이 있을 때와 없을 때 다르게 행동하는지 알아내기 위해 행동실험을 했다. 그들은 구경꾼과 상관없이, 점찍은 암컷을 계속 공략할까 아니면 구애 전략을 바꿀까? 이 질문의 대답을 이 책에서 듣게 될 것이다!

시골토끼와 도시토끼는 대화주제가 다르다

자연에서 이루어지는 정보 교환에 매료된 나는 석사 논문을 마친 뒤에도 계속 그 매력에 빠져 있었지만, 여전히 꿈은 고양이의 의사소통을 연구하는 것이었다. 2010년 5월에 나는 장차 나의 박사 논문 지도교수가 될 사람과 고양이의 의사소통 연구에 관해 의논하러 프랑크푸르트 괴테대학으로 갔다. 하지만 또다시 모든 일이 계획과 다르게 흘러갔다. 그날 밤나는 라이트를 켜지 않은 채 자전거를 타고 프랑크푸르트 밤거리를 달렸고, 그때 일이 벌어졌다. 조그마한 새끼토끼가 갑자기 자전거도로에 뛰어든 것이다. 재빨리 길가 덤불로 방향을 튼 덕에 가까스로 정면충돌을 피할 수 있었다. 토끼와 나,

양쪽 모두 약간의 타박상을 입었고 예기치 못한 사고로 충격을 받았지만, 나는 그때 의아하게 여기며 속으로 물었다. '이런 야생동물이 왜 프랑크푸르트 같은 대도시를 돌아다니지?'

다음 날 지도교수가 내 멍을 보고 물었고, 나는 국제금융도시 한복판에서 벌어진 기이한 충돌에 관해 얘기했다. 지도교수는 "늘 야생토끼를 연구해보고 싶었다"며, 귀가 아주 길고 몸통이 작은 동물의 의사소통에 관해 논문을 쓰면 어떻겠냐고 제안했다. 나는 "고양이가 훨씬 흥미진진하고, 내가 행동생물학자가 된 이유도 사실 고양이 때문이었다"라고 열심히 설득했지만, 지도교수는 물러서지 않았다. 결국 나는 프랑크푸르트에 사는 야생토끼에게 기회를 주기로 했다.

나는 이 주제와 관련된 문헌들을 조사하고, 이 동물들을 더 자세히 관찰하기 위해 공원에 살다시피 했다. 놀랍게도 야생토끼는 아주 특별한 소통방식을 가졌다. 그들은 같은 화장실을 쓰며 똥과 오줌으로 소통한다. 이런 화장실을 '공중변소'라고 부르는데, 사실 이런 '공중변소'는 집단생활을 하는 여러 포유동물의 의사소통 수단이다. 야생토끼는 프랑크푸르트 한복판에서 아주 편안해 보였고, 그 모습이 나의 흥미를 더욱 끌었다. 관광객을 즐겁게 하려는 듯, 이 동물들은 오페라하우스 앞에 혹은 독일 증권가의 고층빌딩 사이에 앉아 있었다. 이 장면은 기이함 그 이상이었기에 나는 궁금했다. 도대체 왜 야생토끼가 독일의 금융대도시로 왔을까? 사계절 내내 풍성하게 차려지는 식탁, 도시의 따뜻한 기온 혹은 울창한 빌딩 숲의 넉넉한 은신처 때문일까? 연구를 통해 나는 동물의 소통 행동이 도시에서 달라질 수 있음을 알게 되었다. 나는 시골토끼와 도시토끼의 소통 행동이 어떻게 다른지 알아내기 위해 그들의 공중변소 의사소통을 비교해 보았다. 도시토끼와 시골토끼는 혹시 서로 다른 것에 대해 '얘기하고' 그래서 그들의 공중변소가 다르게 배치될까? 약속하건대, 이 질문에 대해서도 앞으로 자세히 다루게 될 것이다!

이 모든 것이 우리와 무슨 관련이 있을까?

바이오커뮤니케이션을 연구할수록 나의 소통 능력이 그다지 좋지 않다는 사실이 점점 더 명확해졌다. 나는 종종 잘못 알아듣고 엉뚱한 대답을 하기도 하고 내가 원래 하려던 말이 뭐였는지 헷갈릴 때도 있다. 같은 말이라도 어떤 사람에게는 탁월한 소통 능력으로 인식되고, 어떤 사람에게는 모욕처럼 들린다. 예를 들어, 나의 고향 브란덴부르크에서는 아침 인사를 그냥 짧게 줄여서 '아침!'이라고만 하는데, 프랑크푸르트 괴테대학에서 박사학위를 하는 동안 나는 이 습관을 유지하는 것조차 힘들었다. 프랑크푸르트 출신 동료들 귀에는 이런 짧은 인사가 다소 우습게 들렸기 때문이다. 이 금융대도시에서 나는 매일 아침 아주 긴 인사를 받았다.

"모두들 안녕하세요? 좋은 아침입니다!"

슈투트가르트에서는 더 심했다. 그곳에서는 "좋은 아침입니다! 오늘 하루도 힘차고 즐겁게! 알죠?"라고 인사했고, 그런 긴 인사말은 나의 아침 소통 용량을 훨씬 초과했다. 아침 인사를 이렇게 길게 하는 슈투트가르트 사람들이 프랑크푸르트나 브란덴부르크 사람들보다 소통 능력이 더 좋다고 말할 수 있을까? "아침!"과 "좋은 아침입니다! 오늘 하루도 힘차고 즐겁게! 알죠?" 사이 어딘가에 최적의 소통이 있는 걸까?

이 질문의 답을 찾기 위해 나는 과학커뮤니케이션 강의, 엘리베이터 스피치 교육*, 과학강연대회 등 수많은 커뮤니케이션 강의와 강연에 참석했다. 그렇게 보면, 행동생물학자로서 현장과 실험실에서 연구하는 논문 주제 이외에 나 자신 또한 나의 연구대상이었다. 나는 여러 사람을 만났고 그들에게 인간의 의사소통에서 자주 발생하는 문제점과 나의 논문 주제에 관해 얘기했다. 야생토끼의 복잡한 공중변소 배치에 관해 얘기하며, 그것이 야생토끼에게는 인간의 소셜미디어와 같은 거라고 설명하면, 상대방은 금세 내 얘기에 매료되어 나를 빤히 보았다. 다른 동물들은 어떻게 소통하고, 혹시 식물이나

---

*엘리베이터가 올라가는 짧은 시간, 즉 30초에서 60초 사이에 상대에게 호감을 줄 수 있는 스피치 노하우 - 옮긴이.

박테리아도 정보를 주고받냐는 질문을 나는 자주 받았다. 정보 교환을 가능하게 하는 자연의 비밀은 무엇일까? 그것으로부터 우리 인간은 일상에서 어떻게 이익을 얻을까? 나는 이런 질문에 점점 더 몰두하기 시작했고, 가장 매력적인 연결고리를 찾아냈다. 이 책에서 나는 이런저런 질문들에 답하기 위해 행동생물학자로서 얻은 지식과 일상적인 소통에서 얻은 경험을 통합한다.

생명의 투두 리스트(to do list)

바이오커뮤니케이션의 세계로 깊이 들어가기 전에, 먼저 약간의 이론 지식으로 보호장비를 착용해야 한다. 우리는 이미 '바이오'가 생명을 뜻한다는 것을 알고 있다. 그렇다면 생명이란 도대체 무엇일까? 모든 생명체의 공통된 특징은 무엇이고, 생명을 '생명'이라고 부를 수 있으려면 어떤 특징을 얼마나 갖춰야 할까? 과학자들은 이미 몇 세대에 걸쳐 머리가 깨지도록 이런 근본적인 질문을 고민했고, 이 주제는 아주 오래전부터 결론 없는 토론을 이어오고 있다. 우리가 현시점에서 아는 것은 생식 능력이나 환경 적응 능력 같은 몇몇 특징이고, 그것을 바탕으로 우리는 생명을 생명으로 인식한다. 이 책의 앞에서 나는 생명의 모든 주요 특징을 시로 압축해서 정리해두었다. 이제 시의 한 구절 한 구절을 차근차근 살피며 생명의 특징을 낱낱이 파헤칠 시간이 되었다. 즐거운 독서를 시작해보자.

생명은 질서를 지킨다

생명의 진면목은 구조에 있다.
손 두 개, 눈 두 개? 모든 게 유의미하다!
생명은 질서가 필요하고 그래서 동시에 질서를 만든다.
생명의 비밀: 체계적으로 발달한다.

"생명의 절반은 질서다"라는 말이 있는데, 사실 "질서가 생명의 전부다"라고 해야 맞다. 질서와 구조가 없으면 세상에는 생명이 없을 것이기 때문이다. 질서는 모든 차원에서 드러난다. 질서란, 모든 것에 자기 자리가 있고 어느 구역에 우연히 떼로 몰려 있는 게 아님을 뜻한다. 원자는 분자로 '합쳐진다.' 분자는 다시 세포를 구성한다. '세포(cell)'라는 단어는 라틴어 '셀룰라(cellula)'에서 유래했고, 대략 '작은 창고'라는 뜻이다. 세포는 단단한 벽이나 말랑말랑한 막으로 외부와 차단되어 있다. 작은 창고 안에는 생명에 필요한 모든 것이 들어 있다. 이런 수많은 세포가 모여 동물과 식물 같은 다세포 생물이 되고, 여기에도 역시 조직과 구조의 원리가 존재한다. 어떤 세포들은 물질대사를 책임지고, 어떤 세포들은 움직임을 담당하며, 또 어떤 세포들은 정보 전달을 수행한다. 같은 임무를 맡은 모든 세포는 하나의 세포동맹을 구성하는데, 그것을 '세포조직'이라고 부른다. 같은 기능을 가진 세포조직들은 하나의 기관이 된다. 비슷한 임무를 맡은 기관들은 다시 기관계를 구성한다. 이런 각각의 부서들은 유기체의 다른 부서로부터 필요한 모든 것을 공급받아, 맡은 임무를 능숙하게 해낸다. 각 부서에 필요한 재료, 예를 들어 영양소와 산소를 세포에 공급하는 임무는 운반시스템이 담당한다. 세포 배열 같은 작은 질서가 없다면, 꽃의 대칭 모양 같은 큰 질서 역시 존재하지 않을 것이다.

생명은 물질을 교환한다

태양, 물, 영양소,
벌레에서 소까지 모두가 물질을 교환한다.
생명은 생성하고 동시에 소멸한다.
에너지가 없으면 아무것도 하지 못한다.

질서가 얼마나 빨리 무질서로 바뀔 수 있는지를 우리는 일상에서 늘 경험한다. 모든 것이 제자리에 있고 그렇게 질서를 유지하려면 에너지가 필요하다. 우리가 질서를 유지하기 위해 집을 정돈하고 청소할 때 필요한 에너지는 진공청소기에 연결된 전선에서 나온다. 그러나 당신은 가전제품이 아니라 생명체이고 그래서 에너지를 벽에서 뽑아 쓸 수 없다. 이렇듯 에너지라고 다 같은 에너지가 아니다. 당신과 나 그리고 다른 모든 생명체에게는 질서 유지를 위해 화학 에너지가 필요하다. 이 에너지는 모든 생명체가 먹는 음식에 들어 있다. 그러므로 주변과 물질을 교환하는 것은 생명의 또 다른 특징이다. 물질대사가 세포의 질서를 유지하고 그리하여 생명체가 산다. 우리가 자연을 자유롭게 두면, 균형 유지에 필요한 만큼만 물질이 '교환'될 것이다. 음식에서 얻는 에너지가 없으면 생명은 어떤 정보도 주고받을 수 없고 그래서 의사소통 역시 할 수 없다.

생명은 주변 환경을 감지하고 그것에 반응한다

비밀은 오래 유지되지 않는다.
생명은 오늘 벌써 내일의 정보를 안다.
검객의 검처럼 날카로운 감각,

생명은 뜨거운 것에 반응한다.

숲은 환경, 즉 생태계의 모든 생물과 무생물로 구성된 독특한 총합이다. 모든 흙, 모든 공기, 모든 물방울이 무생물에 속한다. 생물인 지렁이는 흙 속의 돌멩이를 감지할 수 있고 필요하다면 다른 길로 우회하여 갈 수 있다. 반면 무생물인 돌멩이는 지렁이에게 별다른 반응을 보이지 않는 것 같다. 그러므로 모든 생명체의 주요 특징은 수신체계의 도움으로 주변을 감지하고 그것에 반응하는 능력이다. 주변 환경은 시각, 청각(진동), 화학 혹은 전기 '데이터'로 가득하다.

어떤 생명체가 자신의 '수신 세포'로 데이터를 감지하면, 비로소 이 데이터는 '정보'가 된다. 데이터를 수신하는 이런 세포를 '수용체'라고 부르는데, 대략 '수용기'라는 뜻의 라틴어 'receptor'에서 유래한 개념이다. 생명체가 어떤 정보를 수용하느냐는 수용체의 종류에 달렸다. 이를테면, 동물의 눈은 색깔과 모양을 감지하는 데, 코는 냄새를 맡는 데 완벽하게 만들어졌다. 말하자면 수용체 덕분에 생명체는 자신의 생활공간에서 방향을 잃지 않고 살아갈 수 있다. 수용체 덕분에 어디에 빛 혹은 물이 있는지, 어디로 가야 돌부리에 걸리지 않는지 알 수 있다. 생명체들은 각자의 수용체를 이용해 정보를 수신하고 서로 교환할 수 있다. 이런 정보 교환 능력이 의사소통의 전제조건이다! 생명체들 간의 정보 교환과 무생물 환경과의 상호작용이 비로소, 자체적으로 작동하는 커다란 전체, 즉 생태계를 형성한다.

생명은 번식한다

생명은 활기차게 번식하고,
아주 먼 곳까지 가서 정착한다.
분열은 식은 죽 먹기다.
하나가 둘이 되고, 둘이 여럿이 된다.

"옴니스 셀룰라 에 셀룰라(Omnis cellula e cellula)."

우아하게 울리는 이 라틴어 문장은 대략 "모든 세포는 하나의 세포에서 생겨났다"라는 뜻이다. 생명은 번식하고 그리하여 고유한 설계도인 DNA를 자손에게 계속 전달한다. 모든 일이 잘 진행되면, 이 자손들 역시 다시 번식할 수 있다. 번식에 꼭 섹스가 필요한 건 아니다! 세포 하나가 분열하여 두 개가 되는 방식으로 번식할 수 있다. 이런 식의 세포분열 번식은 특히 박테리아 같은 단세포 생물에게서 일어난다. 고유한 설계도를 포함한 세포 구성요소가 두 배로 늘어난 다음 둘로 쪼개진다. 어떤 박테리아는 조건이 좋으면 10~20분마다 두 배로 증식하여 똑같이 생긴 딸세포 두 개가 생겨난다. 이렇게 섹스 없이 이루어지는 생식을 무성생식이라고 부르는데, 이런 생명체는 '수컷'과 '암컷' 같은 성별이 따로 없다. 다시 말해 이런 생명체는 이성을 찾아야 하는 수고를 하지 않아도 된다.

그러나 섹스를 통해 이루어지는 유성생식은 완전히 다르다. 유성생식에서는 두 생명체(같은 종)의 성세포가 하나로 합쳐진다. 성세포는 각자 절반의 DNA 설계도를 가져와 하나로 합쳐진다. 양측의 성세포(생식세포)가 하나의 세포로 합쳐져야 DNA 설계도가 비로소 다시 온전해진다. 이렇게 합쳐진 세포합성체를 '접합체(Zygote)'라고 부르는데, 여기에서 세포분열을 통해 새로운 생명체가 자란다. 그래서 유성생식을 통해 생겨난 자손들은 서로 다르고, 부모와도 다르다. 이들의 부모 역시 동물, 식물, 버섯처럼 다세포 생물이고, 섹스를 통한 번식을 위해 성세포를 마련한다. 이때 남성 성세포와 여성 성세포만 있는 건 아니다. 버섯 같은 생명체는 유성생식을 위해 이론상으로 수천 가지 다양한 성별을 마련할 수 있다. 정말 대단하다!

생명은 자라고 움직인다

수천 년 된 나무 기둥,
생명은 자라고 움직인다.
느릿느릿 달팽이 혹은 훌쩍 뛰어오르는 고양이,
움직임은 생명을 젊게 유지한다.

성공적으로 수정이 끝났으면, 새 생명은 점점 자라 질량이 커진다. 이런 질량 증가는 세포의 분열과 성장으로 이루어진다. 세포가 분열하고 성장할수록 조직이나 기관 같은 다른 차원도 점점 더 커진다. 인간의 몸도 나무의 몸도 마찬가지다. 다음 사례는 생명체가 자연에서 얼마나 커질 수 있는지를 잘 보여준다.

지금까지 알려진 가장 큰 생명체는 땅속에서 자라는 조개뽕나무버섯(Armillaria ostoyae)이다. 이 버섯은 미국 오리건주 자연보호구역의 950헥타르 이상을 차지하는데, 그것은 축구장 678개를 합친 것보다 더 넓은 면적이다. 과학자들의 추정에 따르면 이 버섯의 나이는 무려 2400살이다. 반면 가장 작은 생명체는 지름이 겨우 350~500나노미터인 나노아케움 이퀴탄스(Nanoarchaeum equitans)라는 고세균이다. 라틴어 이름을 번역하면 대략 '말 타는 원시 난쟁이'라는 뜻이다. 그냥 장난으로 지어진 이름이 아니다. 이 원시 난쟁이는 정말로 '이그니콕쿠스 호스피탈리스(Ignicoccus hospitalis)'라는 단세포 생물의 '등'에 올라타 주변을 돌아다닌다. '주변을 돌아다닌다'는 말이 나와서 덧붙이자면, 움직이는 능력은 생명의 또 다른 특징이다. 언뜻 보기에 움직이지 않는 것 같은 버섯과 식물도 이런 특징을 지녔다.

생명은 계속 발달한다

그리스의 격언처럼, 판타 레이,
생명은 끊임없이 새로운 질문을 한다.
모든 것은 흐르고 연결되어 있으며,
생명은 자기 자신을 탐구하고자 한다.

지난 수백만 년 동안 지구의 얼굴은 자주 바뀌었고, 그것과 함께 지구의 생활조건도 바뀌었다. 어떨 땐 뜨거웠고, 어떨 땐 차가웠고, 어떨 땐 먹을 것이 아주 많았고, 어떨 땐 먹을 것이 부족했다. 그러나 생명은 포기하지 않고 끊임없이 새로운 조건에 적응했다. 그렇게 하기 위해 생명은 끊임없이 발달해야 했고, 이 능력이 바로 생명의 마지막 특징이다. 비록 세포 하나가 혼자서도 잘 살아갈 수 있지만, 다른 세포와 결합하면 새로운 임무를 수행할 수 있다. 다세포 생물인 버섯, 식물, 동물의 발달을 집짓기로 상상하면 이해가 쉽다. 각각의 벽돌을 설계도에 맞게 나란히 잘 쌓으면 집이 완성된다. 이제 이 집은 벽돌과 전혀 다른 새로운 기능을 할 수 있다.

이처럼 다세포 생물은 각각의 세포가 쌓여 지어졌고, 이제 다세포 생물은 개별 세포들의 합 '그 이상'이 될 수 있다. 다세포 생물 역시 집처럼 각각의 방에 조직과 구조의 원칙이 있다. 집은 예를 들어 음식준비를 위한 부엌처럼 특정한 과제에 맞게 설비와 인테리어를 갖춘 다양한 방으로 나뉜다. 생명이 물에서 땅으로 올라왔을 때, 이 새로운 생활공간은 생명에게 혁신을 요구했다. 예를 들어, 물 운송만 전담할 부서가 필요했다.

정보로 가득한 세계

지금까지 '바이오'를 살펴봤고, 이제 두 번째 부분인 '커뮤니케이션'을 살펴볼 차례다. 커뮤니케이션이란 도대체 무엇일까? 나는 연구 과정에서 그리고 다른 분야 학자들과의 대화에서 커뮤니케이션에 대한 수많은 개념 정의와 이론들을 만났다. 커뮤니케이션은 다양한 측면을 가진 아주 고유한 세계이므로, 이 책의 나머지 부분은 이 질문의 대답으로 채워질 것이다. 심리학자에게 커뮤니케이션이 무엇이냐고 묻는다면, 그들은 틀림없이 컴퓨터공학자나 커뮤니케이션 전문가와는 다르게 대답할 것이다. 생물학자들 사이에도, 언제부터 한 생명체가 다른 생명체와 실제로 소통하느냐에 관한 논쟁이 끊이지 않는다.

데이터는 어떻게 정보가 될까?

바이오커뮤니케이션이란 간단히 말해 '생명체들 사이의 활발한 정보 전달'을 뜻한다. 여기까지는 대충 머리가 끄덕여진다. 그러나 여기에서 우리는 곧바로 두 가지 새로운 질문에 직면한다. 그렇다면 정보란 무엇이고, 생명체는 어떻게 정보를 활발하게 전달할까? '정보'라는 단어는 언뜻 보기에 아주 단순해 보이지만, 단어 자체에 여러 의미가 담겨 있고, 그래서 실제로 데이터베이스프로그래머 두 명과 나 사이에 긴 토론이 벌어졌다. 데이터를 누군가 해석하는 순간, 그 데이터는 해석한 그 사람에게 유용한 정보가 된다. 그러나 데이터를 해석하기 위해서는 먼저 데이터를 감지해야 한다.

이 지점에서 다시 데이터를 수신하는 장소, 즉 수용체가 등장한다. 신문 읽기가 데이터와 정보의 차이를 명확히 보여준다. 신문을 읽으면 당신은 먼저 음절, 단어, 문장 형식의 데이터를 감지한다. 이 데이터를 바르게 해석해야 비로소 신문에

게재된 정보가 당신에게 전달된다. 이때 전제조건이 있다. 당신은 신문 발행자와 같은 언어를 사용해야 한다. 박테리아, 버섯, 식물, 동물 역시 그들의 생활공간에서 늘 데이터에 둘러싸여 있다. 숲, 호수, 초원의 데이터는 그 안에 있는 구성원의 특징에 따라 달라진다. 모든 생명체는 물론이고, 물, 돌, 빛 같은 무생물도 자연의 구성원이다. 이 모든 구성원은 서로를 구별할 수 있게 해주는 측정 가능한 특징을 갖는다. 새는 나무나 돌과 다르게 생겼고, 다른 소리를 내며, 다른 냄새를 풍긴다. 색상, 형태, 소리, 냄새 같은 데이터는 생명체가 그들의 수용체를 이용해 이 데이터를 감지했을 때 비로소 정보가 된다.

신호: 올바른 번호로 전화하기

데이터가 정보가 되려면, 데이터를 수신하는 수용체가 있어야 한다는 것을 우리는 이제 안다. 정보를 받아들이는 그런 수용체는 세포 내부에도 있다. 그러나 우리는 이 책에서 세포 내부의 소통이 아니라 세포들 사이의 소통을 다룰 것이고, 가장 작은 '대화상대'인 박테리아나 짚신벌레 같은 단세포 생물에서 시작한다.

의사소통을 포함한 활발한 정보 전달의 작동 방식은 간단한 모형으로 설명될 수 있다. 1940년대에 미국 수학자 클로드 섀넌(Claude Shannon)과 워렌 위버(Warren Weaver)가 인간의 전화통화를 기반으로 하는 모형을 개발했다. 발신자는 발신기, 즉 '전화기'의 도움으로 전달할 데이터를 신호로 압축한다. 발신자가 수신자에게 전화를 걸고, 수신자가 자신의 수신기, 즉 '전화기'를 드는 순간 신호가 전달될 수 있다. 신호로 압축된 데이터가 수신기를 통해 감지되는 순간, 데이터는 다시 정보가 된다.* 한 생명체가 다른 생명체에게 정보를 활발하게 더 잘 전달하기 위해, 마찬가지로 신호를 압축할 수 있다. 압축이란, 소통 목적에 따라 특정 정보들을 서로 조합한다는 뜻이다. 이런 방식으로, 예를 들어 동료에게 위험을 알리기 위한 경고신호 같은, 매우 다양한 신호들이 생겨난다.

한 가지 예를 들어보자. 수컷 지빠귀가 짝짓기를 위해 암컷 지빠귀에게 구애할 때, 수컷은 '교미 울음'이라 불리는 청각 신호로 정보를 압축한다. 교미 울음은 일정한 높이의 특정 음으로 구성된다. 수컷은 또한 자신의 짝짓기 의지를 더욱 강조하기 위해 이런 청각 신호에 더하여 시각 신호도 보낸다. 예를 들어, 특정 자세나 행동이 그런 시각 정보에 속한다. 구애를 위한 지빠귀의 시각 신호는 날개를 살짝 늘어뜨려 떠는 것이다. 지빠귀의 생활공간에 있는 빛, 공기, 물이 이런 신호를 전달하는 채널이다. 근처에 있는 암컷 지빠귀는 수컷이 보낸

---

*간략한 설명을 위해 이제부터는 데이터를 빼고 오로지 정보에 대해서만 말하기로 하자.

신호

발신자

수신자

섀넌과 위버의 '전화통화 모형'에 따른 의사소통.
발신자(왼쪽 수컷 지빠귀)가 자신의 발신기를 이용해 신호(교
미 울음)를 채널을 통해 수신자(오른쪽 암컷 지빠귀)에게 전송
한다. 수신자는 자신의 수신기를 이용해 신호로 압축된 정보를
풀 수 있다.

청각 및 시각 신호를 감각기관인 '귀'와 '눈'으로 감지할 뿐만
아니라 이 신호에 담긴 정보, 그러니까 짝짓기를 원하는 수컷
지빠귀의 의지도 알아차린다. 이제 암컷은 이 신호에 반응하
여, "나와 함께 하겠소?"라는 수컷의 구애에 "예", "아니오"
혹은 "글쎄요"라고 대답할 수 있다.

왜 의사소통을 할까?

그런데 암컷 지빠귀는 '커다란 외침'과 '떨리는 날개'가 자

신에게 보내는 신호이고, 이런 쇼가 같은 종의 수컷이 자신과 짝짓기를 원한다는 뜻이란 걸 어떻게 알까? 생식 같은 아주 근본적인 일이라면, 대개 선천적으로 신호를 인지하고 해석할 줄 안다. 두 지빠귀의 부모, 두 부모의 부모 그리고 그 전의 부모들도 이미 생식을 위해 똑같은 신호를 사용했었다. 그러나 또한 부모와 형제자매를 관찰하고 그들의 행동방식을 따라 하여 후천적으로 여러 신호의 의미를 학습할 수 있고, 어떤 신호가 자신의 의사소통에 중요한지도 배운다. 여러 세대에 걸친 이런 소통 신호는 발신자와 수신자의 정보 교환이 서로에게 유익할 때 생겨난다. 활발한 정보 전달을 위해 발신자는 비용을 들여야 하고, 수신자 역시 이런 정보에 반응하기 위해 자원을 소비해야 한다. 그러므로 정보 교환이 발신자와 수신자 모두에게 뭔가 유익한 결과를 낳을 때만 이런 비용과 자원을 들일 가치가 있는 것이다.

또한 누구에게 보내는 정보냐에 따라 의사소통의 동기가 아주 다양할 수 있다. 의사소통의 결과 발신자와 수신자가 똑같이 이익을 얻을 때마다 '윈윈상황'이 생긴다. 부모와 자녀처럼 가족이나 친척 관계라면, 발신자와 수신자가 똑같은 소통 동기를 갖고 그래서 서로에게 유익하도록 정직한(!) 정보를 교환할 확률이 아주 높다. 반면, 의사소통의 결과 발신자와 수신자가 얻는 이익이 서로 다르다면, 자연에서도 드물지 않게 거짓 정보를 전달하는 일이 생긴다. 다시 말해, 발신자의 실제 특성과 일치하지 않는 정보가 신호에 담길 수 있다. 예를 들어, 실제보다 더 크게 보이게 할 수 있다. 이런 이익 갈등이 특히 이성 간에 생긴다(나중에 더 자세히 다룰 예정이다). 남성은 대개 크기를, 여성은 품격을 원한다.

도청과 도청방지 채널

지빠귀로 다시 돌아가 보자. 수컷 지빠귀와 암컷 지빠귀가 주고받는 '대화'는 은밀하게 진행되지 않고, 주변에서 다 들을 수 있게 공개적으로 진행된다. 그들 주변에는 각자의 수용체를 이용해 정보를 감지할 수 있는 다른 생명체들이 아주 많다. 예를 들어, 고양이는 청각수용체를 이용해 지빠귀의 지저귐을 감지하여 그들의 '대화'를 엿들을 수 있다. 그러나 수컷 지빠귀의 교미 울음은 암컷 지빠귀와 고양이에게 서로 다른 정보로 전달된다. 이때 고양이에게 전달된 정보는 대략 이런 의미이다. "잡아먹기 쉬운 저녁거리가 근처에 있다!" 고양이는 새의 대화를 엿들어, 자신에게 유익한 정보를 얻는다. 먹잇감의 위치를 알아낸 고양이는 소리 없이 살금살금 지빠귀에게 다가간다. 최악의 경우 수컷 지빠귀와 암컷 지빠귀의 대화는 고양이에게 잡아먹히는 것으로 끝난다. 지빠귀가 운 좋게 고양이의 접근을 알아차리면, 새들에게는 "고양이가 온다!"는 정보가 중요해진다. 이제 수컷 지빠귀는 교미 울음과 확연히 구별되는 경고의 비명을 지를 것이다. "이러고 노닥거릴 때가 아니야. 위험이 닥쳤어!" 암컷 역시 이 청각 신호를 경고로 알아듣고 안전한 곳으로 피한다. 이런 경고의 비명 역시 고양이에게는 다른 정보로 전달된다. "들켰다!" 먹잇감이 되는 동물들은, 공개적으로 전달된 자신의 신호를 포식자들이 사냥에 이용한다는 것을 잘 알고 있다. 이런 도청 공격을 막기 위해 종종 사적인 채널로 전송되는 도청방지 암호가 발달한다. 그래서 곤충들은 같은 종끼리만 소통하기 위해 자외선 영역의 시각 신호를 사용한다. 그들의 포식자들은 이것을 감지하지 못한다. 이런 신호를 감지할 수 있는 수용체가 없기 때문이다.

자, 이제 출발!

당신이 이미 알고 있듯이, 숲에 사는 주민을 포함한 모든 생명체는 신호를 발신하고 수신한다. 그렇게 생명체는 아주 다양한 방식으로 서로 정보를 교환한다. 이때 생명체가 받은 정보를 해석하고 그것에 반응하는 방식이 특히 흥미롭다. 이 책에는 내가 특별히 감탄했고 그래서 당신에게 기꺼이 들려주고 싶은, 자연의 정보망에 관한 이야기들이 들어 있다.

제1부에서는 '어떻게' 생명체가 정보를 보내고 받는지 간

략하게 살펴본다. 식물이 들을 수 있을까 혹은 버섯이 볼 수 있을까 같은 의문들 말이다. 제2부에서는 땅, 물, 공중에 사는 발신자와 수신자를 만난다. 우리는 단세포 생물, 버섯, 식물, 동물을 방문하고 다음의 질문에 답한다. '누가' 과연 '누구와' '왜' 정보를 교환할까? 이때 우리는 버섯과 식물의 진정한 우정을 확인하고, 첩보원 짚신벌레 혹은 거짓말하는 물고기를 만난다. 제3부에서는 프랑크푸르트에 사는 야생토끼에게 무엇이 중요하고, 생활환경에 따라 자연의 정보망이 어떻게 변하는지 폭로한다.

이 여정이 끝난 후, 바이오커뮤니케이션에 관한 새로운 지식과 영감을 얼마나 많이 일상에 이용할지는 순전히 당신 자신에게 달렸다. 우리 인간 역시 생물에 속하고 그래서 지금 추측하는 것보다 확실히 더 많은 공통점을 독서 중에 발견할 것이다. 당신이 일상에서 정보 교환의 한계를 느낄 때, 어쩌면 이 책에서 얻은 자연의 소통에 관한 지식이 도움이 될 것이다. 어린 시절 읽었던 동화 속 영웅들이 그랬던 것처럼 말이다. 즐거운 독서 여행이 되길 기원하고, 아주 자주 "아하!"라고 감탄하길 바란다.

Nature is never silent

제1부

'어떻게' 정보가 교환되는가?

1장
생명은 발신 중

생명체는 정확히 어떤 정보를 보낼까? 단세포 생물, 버섯, 식물, 동물 사이에 차이가 있을까? 이 장에서는 이런 물음들을 다룬다. 장담하건대, 생명체의 다양한 소통 방식에 감탄사가 절로 나올 것이다. '어떻게'에 답하기 위해, 먼저 '눈에 띄는 것'부터 시작하자. 바로 시각 정보다.

온통 다채롭고 화려하다

세상은 시각 데이터로 가득하다. 그래서 생명체 역시 색상, 형태, 움직임 같은 시각 정보를 이용해 소통한다. 광대버섯의 빨강과 하양, 난꽃의 형태, 새들의 구애춤. 이 모든 시각

정보들이 같은 종뿐 아니라 다른 종들과의 소통에도 이용될
수 있다.

시각 정보: 가장 애용되는 소통 신호

발신자와 수신자가 서로 볼 수 있는 거리에 있을 때, 시각
정보는 의사소통 코너의 '인기상품'이다. 시각 정보는 빠르고
편리하며, 전송 과정에서 정보 손실이 가장 적다. 그러나 색
상과 형태는 소통 수단으로 쓰기에 그다지 유연하지 못하다.
우리 인간은 머리를 염색하고 화장을 하고 옷을 갈아입을 수
있고, 이런 방식으로 매일 새로운 시각 정보를 전송할 수 있
다. 그러나 카멜레온이나 오징어가 아닌 이상, 대다수 생명체
는 이렇게 할 수 없다. 형태 면에서, 예를 들어 칠면조의 후두
처럼 '부풀려지는' 신체 부위는 예외에 해당한다.

그렇더라도 동물은 움직일 수 있으므로, 소통에서 시각 정
보를 최대한 활용할 수 있다. 움직임은 시각 신호 중에서 가
장 '유연하다'. 시시각각 변하는 소통상황에 맞게 재빨리 신
호를 바꿔 전송할 수 있기 때문이다. 빠르게 변하는 생활환
경에서, 예를 들어 수많은 다른 종에 둘러싸여 있어서, 전
송하는 정보 유형을 각각에 맞게 조정해야 한다면, 이런 유
연성은 특히 중요하다. 곤충, 새, 물고기들이 선보이는 모든
춤이 소통 수단으로 쓰이는 움직임에 속한다. 큰가시고기

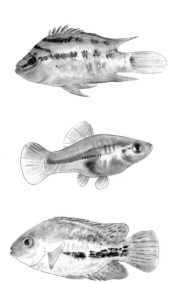

물고기의 다양한 색상과 무늬의 예.
위쪽: 삼색시클리드(Cichlasoma salvini)는 부화기에 특히 강렬
한 색상을 띤다. 가운데: 수족관 물고기로 사랑받는 푸른검상
꼬리송사리(Xiphophorus hellerii)의 암컷은 번식 과정에서 붉
은 바탕색을 보인다. 아래쪽: 농어종의 대표인 투밴드시클리드
(Vieja bifasciata)의 측면에는 전형적인 검은 띠가 길게 그어져
있다.

(Gasterosteus aculeatus) 수컷의 지그재그 구애춤은 동물이 선
보이는 꽤 유명한 유혹의 춤이다. 그러나 소통을 위해 몸을
그렇게 많이 쓰면 그만큼의 대가가 따르기 마련이다. 움직임
은 강도에 따라 다량의 에너지가 필요하다. 그러나 정보 전달
을 위한 춤이 무대에 올려도 될 만큼 항상 완벽해야 하는 건

아니다.

인간을 포함한 여러 동물의 경우, 소통에서 표정이 중요한 역할을 한다. 말 그대로 '웃음기가 싹 걷히고' 혹은 '악한 의도를 감추려 선한 표정을' 짓는다. 집단생활을 하는 포유동물은 특히 다양한 '표정'을 갖고 있다. 늑대나 원숭이의 표정은 서로에게 중요한 소통 수단이다.

그러나 색상, 형태, 움직임 같은 시각 정보의 전송은 발신자와 수신자가 서로 볼 수 있어야 유효하다. 생활공간과 생명체에 따라 가시거리가 제한적이므로, 장거리 전송은 시각 신호의 강점이 아니다. 숲에서 나무가 느닷없이 장애물로 변하여, 무자비하게 정보 전달을 가로막을 수 있다. 암컷 새가 수컷을 보지 못하면 시각 정보 역시 수신자에게 도달하지 않으므로 수컷의 화려한 깃털과 격렬한 구애춤은 아무 소용이 없다.

시각 정보 채널: 전자기 에너지

시각 정보를 보내는 데 쓰이는 채널은 빛이다. 그렇다면 빛이란 무엇일까? 이 물음은 언뜻 아주 단순해 보이고 쉽게 답할 수 있을 것 같지만, 생물학자인 내게는 매우 흥미로우면서도 어려운 물음이다. 뮌헨 루트비히 막시밀리안대학의 이론천체물리학 교수인 하랄트 레쉬(Harald Lesch)가 과학방송프로그램 〈알파 센타우리(alpha-Centauri)〉에서 '빛이란 무엇인가?'를 다루며 간략히 요약했다.

빛은 엄청나게 빠르다. 빛은 파동이고, 파동의 길이(파장)에 따라 에너지 크기가 다르다.

우리가 보통 빛이라고 부르는 것은 그저 우리 눈에 보이는 빛만을 뜻한다. 지구에 있는 이런 가시광선의 원천은 태양이다. 가시광선에는 우리가 잘 아는 이른바 무지개 색상이 들어 있다. 각각의 색상은 파장에 따라 에너지 크기가 저마다 다르다. 보라색부터 파란색을 지나 주황과 빨강에 가까워질수록 전자기 에너지가 점점 줄어든다. '전자기파'라 불리는 이런 에너지 유형은 우리 주변 어디에나 있다. 그러나 전자기파의 에너지 스펙트럼은 매우 넓다. 우리가 볼 수 있는 가시광선 영역은 이 스펙트럼의 일부에 불과하다. 예를 들어, UV(ultraviolet ray)라 불리는 자외선은 가시광선 끝자락의 보라색 바깥에 있고, 그래서 우리가 눈으로 감지할 수 있는 범위 밖에 있다. 가시광선의 다른 쪽 끝자락, 그러니까 빨간색 바깥에는 에너지가 약한 적외선, 전파, 마이크로파가 이어진다.

색소가 빛을 붙잡는다

안트라퀴논, 안토시아닌, 카로티노이드, 베타라인, 멜라닌.

게임 캐릭터 이름을 나열했나 싶겠지만, 이것은 자연이 사용하는 물감들이다. 이런 색소들 덕분에 버섯, 식물, 동물이 저마다 화려한 색상을 얻는다. 이런 색소들은 대개 피부, 털 혹은 깃털 같은 신체표면에 저장되어 있다. 같은 파장의 빛과 색소가 만나면, 색소가 빛을 붙잡을 수 있다. 달리 표현해서, 흡수할 수 있다. '같은 파장의 빛과 색소가 만난다'는 말은 '공명'이라는 한 단어로 축약할 수 있다. 색소가 전자기파의 어느 부분을 흡수하여 공명할지는 색소의 구조에 달렸다.

진짜 흥미로운 일은 이제부터다. 색소가 흡수한 전자기파 에너지가 색상을 결정하는 게 아니다! 색상을 결정하는 것은 색소가 흡수하지 못한 빛이다. 색소가 흡수하지 못한 빛은 어떻게 될까? 색소는 그들을 다시 돌려보낸다. 물리학적으로 올바르게 표현하면, 반사한다. 그러니까 흡수되지 못하고 반사된 빛이 '물질'에 색을 부여한다. 제비꽃의 짙은 보랏빛은 안토시아닌 색소의 가장 아름다운 예이다. 안토시아닌은 파랑, 보라, 빨강에 공명하는 파장의 가시광선을 반사한다. 반면 카로티노이드는 노랑, 주황, 빨강에 맞는 영역을 반사한다. 가시광선의 모든 영역을 흡수하면, 반사되는 빛이 없으므로 생명체는 글자 그대로 암흑이다! 새까만 표면이 가시광선의 모든 전자기파를 '삼켜버린다.' 반면 새하얀 표면은 그 반대다. 들어오는 가시광선을 모두 반사한다. 그러니까 꽃이 새하얗게 빛나는 까닭은 전자기파를 흡수할 색소가 없기 때문이다. 혹은 달리 표현하면, 빛이 하얀 표면에서 모두 반사되기 때문이다.

그러나 색소만이 자연의 아름다운 색상을 만들어내는 것은 아니다. 생명체의 표면이 자체적으로 빛을 얼마나 흡수하고 혹은 반사할지를 결정한다. 예를 들어, 꽃의 표면에는 빛을 반사하는 공기주머니가 있다. 백수련(Nymphaea alba)이 특히 아름다운 예이다. 백수련은 나의 고향 브란덴부르크의 수많은 호수가 자랑하는 소중한 보물로, 멀리서 봐도 벌써 화가가 물 위에 그려놓은 듯 새하얗게 빛난다. 미스터 클린*조차 부러워할 만큼 새하얗게 빛나는 백수련의 비결은 무엇일까? 색소가 없기 때문이기도 하지만 무엇보다 수분을 머금은 꽃잎에 빛을 반사하는 공기주머니가 있기 때문이다. 꽃잎에 떨어지는 빛은 공기 및 수분층을 통과하는 과정에서 계속 굴절된다. 이런 굴절로 결국 빛이 모두 반사된다. 그래서 꽃은 하얗게 빛난다. 우리는 또한 눈밭에서도 빛의 반사 현상을 만난다. 눈 결정이 빛을 모두 굴절시켜 눈이 환하게 빛난다. 이런 빛의 굴절은 결과적으로 모든 빛의 반사이다. 동물의 표면 역시 인상적인 '블링블링 효과'를 낸다. 공작새의 깃털에 있는

---

*P&G의 청소세제 브랜드 이름이자 마스코트 – 옮긴이.

작은 무늬들 혹은 쇠똥구리의 표면은 아주 특별한 방식으로
빛을 굴절시켜 반짝반짝 빛난다.

불을 켜고-불을 끄고: 생체발광

빛이 전혀 없거나 거의 없는 생활환경에서는 시각 정보를
어떻게 전송할까? 어두운 심해나 동굴에 사는 생명체들은 직
접 빛을 만들어낸다. 나는 뉴질랜드의 와이토모 동굴에서 동
물의 아주 특별한 소통 형식인 생체발광을 직접 목격했다.

생체발광 능력이 있는 동물은 화학반응을 이용해 에너지
를 방출하고 이 에너지를 빛으로 바꿔 정보를 보낼 수 있다.
생체발광 능력이 있어 마치 스위치를 누른 것처럼 빠르게 불
을 켰다 껐다 할 수 있는 생명체는 단세포 생물, 버섯, 물고기
에 이르기까지 아주 많다. 그러나 그들 중 몇몇은, 예를 들어
심해에 사는 아귀는 마법의 발광을 위해 남의 도움을 받는다.
심해아귀는 생체발광에 필요한 화학반응을 스스로 할 수 없
고 그래서 생체발광이 가능한 박테리아에게 세를 주어 몸에
들어와 살게 한다.

반면, 앞에서 언급한 와이토모 동굴에 사는 생명체는 스
스로 빛을 만들 수 있으므로 굳이 세를 주지 않아도 된다. 이
동굴에 사는 생명체는 비록 간단히 '반딧불이'라고 불리지
만, 우리가 일반적으로 반딧불이라고 부르는 그런 곤충이 아

니다. 그것은 긴뿔모기의 유충으로, 아라크노캄파 루미노사 (Arachnocampa luminosa)라고 불리는 이른바 발광벌레들이다. 그들이 내는 빛 덕분에, 깜깜한 동굴 천장이 별이 쏟아지는 밤 하늘처럼 빛난다.

자연 오케스트라

우리는 이제 시각에서 청각으로 넘어간다. 자연이 내는 소리는 악기가 내는 음과 매우 흡사하다. 오케스트라에서 다양한 악기가 소리를 내는 것처럼, 자연의 생명체들도 다양한 물질을 진동시켜 소리를 낸다. '현악기'에서 '타악기'를 지나 '관악기'에 이르기까지 온갖 악기가 다 있다. 직접 들어보시라!

청각 정보: 멀리 가는 신호

청각 신호의 장점은 정보 교환을 위해 발신자가 수신자를 꼭 봐야 할 필요가 없다는 것이다. 몇몇 생명체는 수 킬로미터 밖에서도 들을 수 있을 만큼 아주 큰 소리를 낼 수 있다. 대표적인 사례가 고함원숭이 수컷의 고함이다. 고함원숭이들은 이름값을 톡톡히 한다. 그들은 혀 아래의 특수 뼈와 특별히 큰 후두로 아주 큰 소리를 낼 수 있고, 이 고함은 정글에 울려 퍼져 멀리 수 킬로미터까지 닿는다. 나는 멕시코에서 현장 답사 중에 이 원숭이의 아주 인상적인 고함을 들을 수 있었다.

그러나 이런 방식의 의사소통은 에너지 소비가 많다. 낮에 목소리를 많이 사용하는 사람이라면, 청각 정보 발신이 얼마나 힘든 일인지 잘 알 것이다. 목소리를 내려면 소리 근육인 성대를 수축해야 한다. 그러니까 발신자는 먼저 근육 수축에 필요한 에너지를 만들어내야 한다. 또한 큰 소리를 내는 것은 안전하지 못하다. 발신자가 먹이 피라미드에서 한참 밑에 있고, 수많은 포식자에게 인기 있는 먹잇감이라면 특히 더 위험하다. 게다가 어떤 포식자는 먹잇감이 또렷한 청각 정보로 자신의 위치를 폭로하기만 기다리고 있다. 이런 방식의 의사소통은 또한 수명이 짧다. 경고 혹은 구애 호소를 보내자마자 금세 다시 잦아든다. '짝짓기를 원하는 고함원숭이 수컷'이 보낸 청각 신호가 이미 잦아든 한참 뒤에 비로소 고함원숭이 암컷이 수컷에게 다가올 수도 있다.

그러므로 청각 정보 전달에서는 발신자와 수신자가 어디에 있느냐가 중요하다. 둘의 거리가 멀수록 시간상 크게 어긋날 수 있고 그래서 소통이 어긋날 확률이 높다. 새들이 아침 콘서트에서 내는 고음들은 특히 빨리 주변의 소음에 삼켜진다. 그러나 이런 짧은 수명 덕분에 청각 정보는 다양한 상황에서 쓸 수 있는 소통 수단이 된다. 암컷을 유혹하는 외침 뒤에 바로 이어서 적을 방어하는 데 도움이 되는 소리를 낼 수 있다. 새들과 여러 포유동물, 예를 들어 고래는 마디, 절, 멜로디가 있는 '노래' 형식으로 청각 신호의 다양성을 보여준다.

우주에서 굉음이 나지 않는 이유

청각 정보란 무엇이고, 그것은 어떻게 발신자에서 수신자에게 전달될까? 이제 이 질문에 답해보자. 그것을 위해 나는 영화 이야기를 잠깐 하고자 한다. 영화 〈스타워즈(Star Wars)〉 시리즈의 첫 편을 보면, 우주 한복판에서 우주정거장이 굉음을 내며 폭발한다. 관객은 이 장면을 대수롭지 않게 여기고 그냥 넘어간다. 그러나 이제부터 설명할 물리학 지식을 떠올린다면, 절대 그냥 넘기지 못할 것이다.

소리는 탄성이 있는 매체에서, 그러니까 공기, 물, 심지어 단단한 물체에서 파도처럼 퍼지는 기계적 진동이다. 따라서 소리는 빛과 달리 전자기 에너지가 아니라, 물질 입자의 진동이다. 물질 입자가 반드시 '단단할' 필요는 없다. 공기나 물, 즉 기체나 액체도 소리의 원천일 수 있다. 그러므로 우주정거장을 공격하는 광선무기의 대단한 화력은 분명 진동을 일으킬 수 있다. 그러나 영화는 중요한 관점 하나를 놓쳤다. 기계적 진동은 주변의 압력과 밀도를 변화시킨다. 진동하는 '어떤 것', 즉 매체가 있어야 진동은 비로소 소리가 되어 퍼질 수 있다. 그러나 우주는 진공 상태라, 진동을 소리로 퍼지게 할 매체가 없다. 섀넌과 위버의 '전화통화 모형'으로 말하면, 우주에 진동할 매체가 없다는 것은 곧 청각 정보를 전달할 전화선이 없다는 뜻이다.

올바른 음을 내는 기술

우리가 소리라고 부르는 것은 우리의 귀로 들을 수 있는 음, 울림, 소음 등을 말한다. 우리 인간은 16에서 2만 헤르츠(Hz) 영역의 음파를 들을 수 있다. 이것은 정확히 무슨 뜻일까? 헤르츠 단위는 1초 동안의 진동수로, 이른바 주파수를 가리킨다. 예를 들어, 우리가 기타 줄을 튕기면, 줄이 진동하기 시작한다. 이 줄이 빨리 진동할수록 1초 동안의 진동수는 많아지고, 진동수가 많을수록 높은 소리가 난다. 음원의 진동이 균일하고 주기적으로 반복되면, 우리는 그것을 '음'이라고 부른다.

그러나 우리가 들을 수 있는 소리의 하한선과 상한선이 모든 소리의 끝이 아니다. 초저주파 진동, 그러니까 16헤르츠 이하의 진동을 만드는 음원이 있다. 당연히 인간의 청력 상한선 밖에 있는 2만 헤르츠 이상의 초음파도 있다. 예를 들어, 박쥐들은 극단적으로 높은 음파를 만들어내고 감지할 수 있다. 진동수가 음의 높낮이를 정한다면 진동의 크기, 즉 진폭이 소리의 크기를 결정한다. 진폭이 클수록 소리가 커진다. 음파가 얼마나 빨리 퍼지느냐는 매체의 온도나 밀도 같은 특성에 달렸다. 음파는 너도밤나무 목재를 초속 3,800미터로 통과하지만, 물을 통과할 때는 초속 1,450미터로 줄고, 기온이 0도인 공기에서는 심지어 초속 332미터로 통과한다. 소리가 주변과 만나는 다양한 강도는 데시벨(dB) 단위로 명확히 표시할 수 있다. 자, 이론은 이 정도면 충분한 것 같다. 이제 자연만이 작곡할 수 있는 심포니에 흠뻑 빠져보자. 그러나 안타깝게도 우리는 자연의 심포니 대부분을 우리의 귀로 직접 들을 수 없다!

식물 뿌리가 '딸깍'거리는 이유

진동은 세포의 각 구성요소도 움직인다. 같은 파장으로 '진동'하여 서로 공명하는 세포가 많을수록, 합창과 마찬가지로 혼자일 때보다 더 큰 소리를 낼 수 있다. 박테리아 같은 단세포 생물조차 음파를 이용하여 이웃 세포의 성장을 자극한다. 생명체가 내는 소리가 정말로 의사소통에 쓰이는지 아니면 그저 일상적인 생명 활동에서 나오는 부산물에 불과한지를 알아내기 위해 과학자들은 온갖 도전적인 실험을 한다. 식물에도 소리를 내는 곳이 여럿 있다. 예를 들어, 물을 수송하는 통로에서 소리가 난다. 특히 적은 물로 버텨야 하는 식물의 경우, 물 수송로에 종종 기포가 생기는데, 이 기포가 터질 때 작은 폭발음이 난다.

오스트레일리아와 이탈리아 과학자들이 신비한 식물의 세계에 귀를 기울였고(지금도 엿듣는다), 식물 역시 다른 생명체와 소통하기 위해 청각 정보를 활발하게 보낸다는 증거를 찾아냈다. 어린 옥수수(zea mays) 뿌리에서 주파수 220헤르츠 영역의 '딸깍' 소리를 찾아낸 것이다. 220헤르츠는 어린 옥수수 뿌리가 뻗어 나가는 방향에 있는 음원의 주파수와 정확히 일치한다. 식물이 다양한 음파에 반응한다는 것은 이미 수십 년 전부터 알려져 있다. 예를 들어, 50헤르츠의 음을 들려주면, 오이(cucumis sativus)나 벼(oryza sativa)의 싹이 더 잘 발아한다. 일단 싹이 나서 작은 식물로 자라면, 뿌리도 50헤르츠 음에 반응하여 더 빨리 자란다. 완두콩(pisum sativum)은 흐르는 물소리에 반응한다. 옥수수 뿌리의 딸깍 소리는 그저 우연일까? 아니면 의사소통을 위한 진짜 신호일까? 식물의 또 다른 속삭임을 기대해보자!

곤충은 다리와 날개로 '바이올린을 켠다'

이제 식물에서 동물로 이동하자. 우리의 오케스트라와 비슷하게 동물의 왕국에도 다양한 소리를 내는 다양한 악기들이 있다. 소리를 내는 원리는 똑같다. 막, 관, 줄을 두드리고,

불고, 튕겨서 진동을 만들면 거기에서 소리가 난다. 자연에서도 같은 원리로 청각 신호를 만들어 전송한다. 바이올린 연주자에게 현과 활이 있다면, 곤충에게는 다리와 날개가 있다. 그래서 예를 들어 메뚜기들은 이른바 마찰 기관을 이용해 그들의 전형적인 울음소리를 만들어낸다. 메뚜기의 마찰 기관은 날카로운 돌기와 날카로운 줄로 이루어졌다. 줄은 뒷다리 안쪽에 있는데, 톱처럼 수많은 톱니가 줄지어 있다. 이 날카로운 줄로 날개에 있는 날카로운 돌기를 문지르면, 더운 여름밤에 퍼지는 울음소리 또한 날카롭다.

메뚜기는 암컷과 수컷 모두 이런 방식으로 소리를 내지만, 귀뚜라미는 오로지 수컷만 '바이올린을 켠다'. 메뚜기와 마찬가지로 귀뚜라미 수컷도 돌기와 줄을 가졌지만, 이것은 날지 못하는 앞날개에 있다. 곤충들은 마찰 기관으로 초음파 영역의 소리, 그러니까 2만 헤르츠가 넘는 주파수로 소리를 낸다. 제아무리 기교가 뛰어난 바이올리니스트라도 그렇게 빨리 바이올린을 켤 수는 없다! 그러나 동물이 소리를 내기 위해 반드시 마찰 기관이 있어야 하는 건 아니다. 예를 들어, 꿀벌, 딱정벌레, 새들은 날갯짓만으로도 음파를 만들어낼 수 있다. 가장 작은 모기 종의 날개는 1초에 1,000번을 펄럭인다. 그것은 우리 인간이 들을 수 있는 주파수 영역의 중간쯤이다.

개구리들은 관악기를 연주한다

여러 곤충의 윙윙거림과 찌르르 소리만이 후텁지근한 여름밤을 채우는 건 아니다. 개구리의 개굴개굴 울음소리도 시끄럽게 울려 퍼진다. 개구리 울음소리의 원리는 아주 단순하고 기발한데, 오케스트라에서 관악기 파트와 가장 잘 맞는다. 물리학 관점에서 보면, 클라리넷이나 바순의 경우, 마우스피스에 인접한 얇은 판(리드)을 통해 공기관이 진동한다. 조류와 포유류 같은 척추동물의 성대가 이와 비슷한 역할을 한다. 내뿜는 숨이 탄성이 있는 성대를 떨리게 하여 소리 매체인 공기를 진동시킨다. 성대가 수축할수록 진동이 더 빨라지고 그래서 더 높은 음이 만들어진다. 그러나 조류나 포유류보다 훨씬 덩치가 작은 개구리는 성대의 진동만으로는 청각 정보를 멀리까지 보낼 수가 없다. 그래서 개구리의 머리에는 자루 모양의 소리주머니가 있고 이것이 스피커 구실을 하여 개구리 울음소리를 필요한 만큼 크게 키워준다.

개울, 연못, 호수에 사는 수컷 개구리들은 짝짓기 구애를 할 때 이런 사운드시스템을 이용해 65~90데시벨의 소리를 만들어낼 수 있다. 그것은 대략 압축공기해머의 음압과 맞먹는다. 우리가 이제 이동할 자연 오케스트라의 다음 파트 역시 만만찮게 시끄럽다. 바로 타악기 파트이기 때문이다.

거미와 야생토끼는 타악기를 연주한다

막을 진동시켜 소리를 만들어내는 타악기부터 살펴보자. 매미와 몇몇 나비 종의 배 부위에는 이른바 '음반'으로 구성된 소리 기관이 있다. 그러나 이 '음반'은 추억의 비닐 레코드 판과는 무관하다. 곤충의 '음반'은 천연소재인 키틴으로 만들어졌다. 그런데 매미는 그런 딱딱한 판으로 어떻게 소리를 낼까? 빨래판 모양의 움직이는 딱딱한 구조물이 이 판 주위를 둘러싸고 있다. 이 빨래판 구조물과 연결된 근육이 수축하거나 이완하면, 빨래판도 같이 움직이며 '딸깍거리는' 충돌음이 생긴다. 매미의 소리 기관 아래에 있는 공기주머니가 이 충돌음을 증폭한다. 이 소리 기관의 작동 원리는 우리가 깡통을 움켜쥐었다가 놓을 때와 비슷하다. 손으로 깡통을 움켜쥐었다가 놓으면, 움푹 들어갔던 부분이 '뚜뚝' 소리를 내며 원래대로 돌아온다. 카피타타털매미(Platypleura capitata)의 소리 기관은 1초에 최대 390번씩 '딸깍' 소리를 낼 수 있다.

거미들은 이런 소리 기관 없이도 그냥 여덟 개 다리로 바닥을 때려 '비트'를 만들어낼 수 있다. 예를 들어, 왕거미는 온몸으로 잎사귀를 진동시켜 소리를 낸다. 야생토끼도 청각 소통을 위해 온몸을 쓴다. 그들은 이른바 '빠른 연타'의 전문가이다. 위험이 임박하면 야생토끼는 강력한 뒷다리로 땅을 때리기 시작한다. 이때 생기는 음파가 땅속 깊은 곳까지 퍼지고,

이것은 동료들에게 안전한 집을 떠나지 말라고 경고해준다. 타악기 파트에서는 아마 방울뱀이 가장 뛰어날 것이다. 그들의 꼬리 끝에는 딱딱한 판들이 서로 겹쳐져 있는데, 이 판들이 서로 부딪히면서 이름에 걸맞은 소리를 만들어낸다.

자연 오케스트라의 다음 연주자 역시 이름에 어울리는 소리를 낸다. 영어권에서 '바다 울새(Sea robin)'라 불리는 '양성대(Trigldae)'는 이름에서 추측되는 것과 달리, 소리 높여 우는 새가 아니라 물고기이다. 이 물고기는 바다 깊은 곳에 서식하고 여러 '악기'를 동시에 사용하여 특유의 '그르렁'에서 '꿀렁꿀렁'까지 다양한 소리를 낸다. 이 물고기는 딱딱한 아가미덮개를 서로 문질러서 소리를 내기도 하고, 부레 주변의 근육을 수축하여 부레에서 공기를 빼면서 음파를 만들어낸다. 다른 물고기도 부레에서 공기를 빼는 방식으로 소리를 낸다. 물고기가 내는 소리는 대개 리듬이 있는데, 바로 이 리듬에 메시지가 담겨 있다. 대다수 물고기는 소리의 높낮이를 구별하지 못한다. 물속에서는 음파의 속도와 확산이 육지와 다르기 때문이다.

조금만 더 물속에 머물자. 자연에서 가장 시끄러운 '연주자'가 여기에 살기 때문이다. 아니, 차라리 '깡패 총잡이'라고 부르는 게 더 나을지도 모르겠다.

최후의 폭발

커다란 집게를 가진 딱총새우(Alpheus heterochaelis)는 열대와 아열대의 수심이 얕은 해역에 산다. 갑각류에 속하는 이 새우는 길이가 5센티미터에 불과하지만, 물속에서 요란한 소리를 낸다. 그것은 최대 210데시벨로, 1미터 거리에서 향유고래가 보내는 청각 신호와 맞먹는다. 어떻게 이 작은 갑각류가 거대한 고래와 맞먹는 큰 소리를 낼 수 있을까? 그 비밀은 딱총새우의 커다란 집게에 있다. 수컷뿐 아니라 암컷 역시 두 집게 중 하나가 월등히 크고 최대 2.5센티미터에 달한다. 이 거대한 집게의 한쪽은 구유처럼 오목하게 파였고, 다른 한쪽은 몽둥이를 연상시키는 모양이다. 강력한 근육의 수축으로 몽둥이 모양의 반쪽 집게가 가로로 움직인다. 집게를 열 때 근육이 팽팽하게 당겨졌다가, '몽둥이'가 '구유' 안으로 돌아갈 때 극단적으로 빠른 물살과 함께 딱총새우 특유의 폭발음이 생긴다.

그러나 토성행 나사 로켓의 발사 소음과 비교할만한 딱총새우의 폭발음은 딱딱한 집게가 서로 충돌하면서 나는 소리가 아니다. 물속에서 그런 압력파를 만들어내기 위해서는 글자 그대로 수증기가 훨씬 더 많이 필요하다. 빠른 물살로 딱총새우의 집게 안 압력이 바뀌고, '공동현상 기포'라고도 불리는 공기방울이 만들어진다. 말하자면 딱총새우는 집게 안

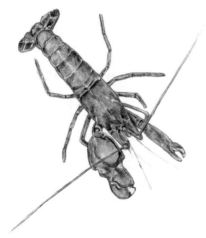

갑각류에 속하는 딱총새우는 커다란 집게를 가졌는데, 이것으로 물속에서 커다란 폭발음을 만들어낼 수 있다.

에서 바닷물을 수증기로 만드는 것이다. 압력이 떨어질 때 이 공기방울이 폭발하면서 210데시벨이라는 놀라운 음압이 생긴다. 이 음압으로 딱총새우는 벌레나 작은 물고기 같은 먹잇감을 잘게 쪼갠다. 딱총새우의 집게 안에는 내유모세포(inner hair cell)가 있는데, 이 세포로 동종이 만들어내는 물살의 압력을 감지할 수 있다. 딱총새우의 폭발음은 라이벌에게 보내는 일종의 경고신호다. 작은 딱총새우는 영토 방어에 관한 한 머뭇거리지 않는다. 딱총새우의 날카로운 집게가 적의 등딱지에 꽂히는 순간 치명적인 결과를 낳을 수 있다!

냄새의 세계

우리는 이제 화학 정보의 왕국에 들어섰고, 자연에서 가장 오래된 소통 형식을 배운다. 이 놀라운 소통세계에서 우리는 분비물, 발향원자단, 공중변소를 만나고, 자신의 화학 메시지로 동종의 행동에 영향을 미치는 생명체들을 마주한다. 이런 후각 정보들 역시 매우 흥미롭다. 우리 인간을 포함하여 생명체가 어떻게 특정 화학 신호를 이용하여 의사소통하는지, 우리는 아직 많이 알지 못한다. 왜 우리가 특정 상황에서 '기가 막히고 코가 막히는지' 혹은 '냄새를 귀신같이 잘 맡는지' 혹은 '코가 쭉 빠져 있는지' 당신은 알고 있는가?

화학 정보: 오래 가는 신호

화학 신호의 장점은 도달 범위가 아주 넓다는 데 있다. 그래서 냄새는 멀리 떨어져 있는 곳에 정보를 전달할 때 매우 적합하다. 화학 정보는 청각 정보보다 생산비가 덜 들고 수명도 더 길다. 예를 들어, 향수를 생각해 보라. 향수를 뿌린 사람이 자리를 떠난 뒤에도 그 향은 몇 시간 동안 '남아 있다'. 그러나 냄새는 가장 빠른 수단이 아니다. 냄새 신호는 발신자에서 수신자에게 도달하는 데 시간이 필요하다. 화학 전달물질은 휘발성이 높을수록 더 빨리 바람과 함께 사라지고, 공기나

물에 섞이면 더 멀리 퍼질 수 있다.

동물 혹은 식물은 특별한 개별 세포나 세포 무더기인 분비샘에서 분비물 형식으로 화학 정보를 보낸다. 체내에 있는 분비샘은 분비물을 내부로 보내고, 반대로 두피 분비샘처럼 신체표면에 있는 분비샘은 분비물을 곧바로 외부로 보낸다. 이렇게 외부로 보내진 분비물은 기체인 향기, 액체인 꽃꿀, 고체인 진액 형식으로 중요한 화학 소통 수단이 된다. 난초 혹은 천남성과 같은 꽃식물이 향기를 뿜어낼 때 마법의 주문을 왼다면 아마 "열려라, 발향원자단!"이라고 외칠 것이다. 발향원자단은 꽃 세포층의 윗부분에 있는 특별한 분비샘으로, 소중한 꽃향기를 작은 향수병처럼 담고 있다가 주변에 퍼트린

천남성과에 속하는 꽃으로, 일명 '시체꽃'이라 불리는 아모르포팔루스 티타눔(Amorphophallus titanum)에는 꽃 세포층 윗부분에 '발향원자단'이라는 특별한 분비샘이 있다.

다. 일단 발신된 화학 신호는 행동에 영향을 미칠 수 있는 적합한 수신자를 찾기 시작한다. 의사소통 상대가 동종의 동물이나 식물이면, 이때 화학 정보는 '페로몬(Pheromone)'이라 불린다. 반대로 발신자와 수신자가 다른 종이면, 이때 화학 정보는 '알레로케미칼(Allelochemicals)'이라는 이름을 얻는다. 예를 들어, 식물은 수분을 도울 곤충을 유인하기 위해 꽃 향기로 알레로케미칼을 전송한다.

동종 간의 의사소통과 페로몬

같은 종끼리 의사소통할 때 쓰는 화학 정보인 페로몬을 살펴보자. 단세포 생물이 벌써 이 냄새 물질을 사용하여 가까운 친척끼리 의사소통을 한다. 예를 들어, 라틴어 학명이 'Euplotes raikovi'인 섬모충은 정보 전달에 특히 뛰어난데, 다섯 가지가 넘는 다양한 페로몬을 쓰기 때문이다. 페로몬은 버섯과 식물에도 있다. 버섯과 식물은 시각 신호와 더불어 페로몬을 소통 수단으로 이용한다. 곤충의 페로몬 중 가장 잘 알려진 것이 '봄비콜(Bombykol)'이다. 예를 들어, 누에나방(Bombyx mori) 암컷은 짝짓기를 위해 이 페로몬으로 수 킬로미터 떨어져 있는 수컷을 유혹한다. 봄비콜은 효과가 아주 강력해서, 분자 하나면 수컷의 행동에 영향을 미치기에 충분하다.

페로몬과 호르몬 사이에는 도저히 혼동할 수 없는 아주 중요한 차이가 있다. 호르몬은 페로몬과 달리, 생명체 '내부'에 작용하는 중요한 전달물질이다. 그러니까 테스토스테론이나 에스트로겐 같은 성호르몬은 바깥세상에 있는 동종을 유혹하기 위해 만들어진 게 아니다. 이런 성호르몬은 섹스로 번식하는 생명체가 적합한 짝짓기 상대를 유혹하기 위해 페로몬을 발산하기 전에, 스스로 짝짓기를 원하도록 할 책임이 있다. 이런 화학 전달물질은 동물의 몸속에서 자기 역할을 다 한 후, 오줌과 똥이라는 차를 타고 동물의 몸을 떠난다. 그렇게 그들은 방랑길에 오르고 의도치 않게 주인에 관한 정보를 바깥세상에 알린다.

똥과 오줌을 통한 의사소통

우리 인간이 최대한 빨리 보이지 않는 곳으로 치우고 싶고, 생각할 것도 없이 하수관으로 멀리 흘려보내 없애고 싶은 것이, 자연에서는 수많은 생명체를 위한 1순위 소통 수단이다. 똥과 오줌 얘기다. 물질대사 후에 남은 찌꺼기는 액체와 고체의 배설물로 배출되는데, 똥과 오줌은 아마 가장 저렴하고 '개인적인' 소통 수단일 것이다. 주로 포유동물이 배설물을 통해 정보를 보낸다. 야생토끼 혹은 오소리 연구에 따르면, 그들의 똥과 오줌에는 나이, 성별, 짝짓기 준비 정도에 관한 개인정보를 폭로하는 냄새 물질이 들어 있다. 이런 개인적인 냄새 물질은 다양한 분비샘에서 만들어져 똥이나 오줌에 혼합되어 개인정보를 공개적으로 유출한다.

　배설물의 색상, 냄새, 양은 주인의 건강상태에 대한 정보를 준다. 오줌은 척추동물이 신장을 통해 혈액을 정화한 후 남은 최종 찌꺼기이다. 신장은 필터처럼 혈액을 걸러, 특히 체내에 머물면 안 되는 것을 오줌으로 방출한다. 낡은 혈액세포나 독 물질이 여기에 속한다. 오줌은 물질대사 폐기물이 물에 녹은 것이고, 이 폐기물은 작은 요로를 통해 신장에서 요관으로 운반되어 방광에 모인다. 방광에 특정량의 오줌이 모이면, 압박 센서가 켜지고 동물은 갑자기 오줌이 마렵다. 신장은 혈액 정화 과정 외에 체내 수분량의 균형 유지도 책임진다. 그래서 신장은 수준기의 눈금에 따라 오줌을 몸에서 더 많이 혹은 더 적게 내보낸다. 반면, 똥은 위장관의 최종 찌꺼기이고, 무엇보다 장점막세포, 흡수되지 않은 음식물, 장박테리아 그리고 그것들의 발효 및 부패물로 구성된다. 입에서 위를 지나 장과 항문까지 이어지는 고속도로를 막힘없이 질주하는 소화력 그리고 악취를 풍기는 배기가스와 배설물! 요컨대 우리 인간의 경우도, 왕성한 소화력은 신체적 건강의 표시이다.

공중변소: 훌륭한 소통창구?

오소리, 토끼, 원숭이처럼 집단생활을 하는 포유동물에게는 똥과 오줌이 아주 중요한 의사소통 수단이므로, 그들은 공중변소 위치를 아무렇게나 정하지 않는다. 같은 종의 동물이 정기적으로 반복해서 같은 '장소'에 배설하면, 조만간 그곳에 '똥 무더기'가 생긴다. 똥과 오줌이 모이는 이런 공중변소에는 의사소통 면에서 두 가지 결정적인 장점이 있다. 첫째, 눈에 잘 띄고, 둘째, 동료의 냄새 물질이 집중되어 있다. 그러므로 포유동물의 공중변소는 고요함과는 거리가 멀고, 기능 면에서 우리 인간의 소셜미디어와 똑같다.

예를 들어, 유럽 굴토끼(Oryctolagus cuniculus)는 집단 내에서 지금 누가 짝짓기 상대를 찾고 있는지 혹은 집단 내에서 어느 수컷 혹은 암컷이 최고 우두머리인지, 서로 정보를 교환한다. 배설물이 따끈따끈하면, 배설물의 주인이 방금까지 이곳에 있었고 아직 근처에 있다는 뜻이다. 시각과 후각의 연결로 공중변소의 정보력은 더욱 강화된다. 공중변소가 자주 이용될수록 시각 정보와 후각 정보가 더욱 강렬해진다. 개똥 무더기를 열심히 치우는 사람은 아마 이 사실에 작은 보람을 느낄 테지만, 애석하게도 말끔히 치울 수 없는 더 심각한 똥 무더기도 있다! 영양이나 코뿔소의 공중변소는 지름이 몇 미터씩 된다.

기둥형 광고판과 동물 공중변소의 공통점?

우리 인간은 숨어서 배설하고자 하는 반면, 토끼, 오소리, 긴꼬리원숭이 같은 몇몇 동물은 특히 눈에 잘 띄는 장소에서 배설한다. 그들의 '배설 센터'는 주로 불쑥 솟아 눈에 잘 띄는 사물 근처 혹은 사방이 뚫린 장소에 있다. 늪토끼(Sylvilagus aquaticus)는 나무 등걸에 공중변소를 설치하는데, 어쩌면 높은 곳에서 내려다보는 좋은 전망도 장소 선정의 한 이유일 것이다. 공중변소를 이렇게 눈에 잘 띄는 장소에 설치하는 이유는 누구나 쉽게 찾을 수 있기 때문이다. 소통 센터가 제 기능을 하려면 공중변소는 찾기 쉬운 곳에 있어야 한다. 동물의 공중변소는 우리 인간의 기둥형 광고판과 비슷하다. 점 찍은 그 사람 혹은 그 동물에게 정보를 보내려면, 전략적으로 눈에 잘 띄는 장소에 광고판 혹은 공중변소를 설치해야 한다. 말하자면 위치가 아주 명확해서 애초에 "화장실이 어디죠?"라고 물을 필요가 없어야 한다.

카코미슬고양이(Bassariscus astutus)는 혼자만의 시간을 보낼 배설 장소로 특별히 눈에 잘 띄는 장소를 선정한다. 이 동물은 멕시코시티 공원의 단골 방문자로, 눈에 잘 띄는 파란색 수도관 위에 자신의 공중변소를 설치한다. 이 고양이가 자신의 공중변소를 수도관 위에 두는 이유가 단지 눈에 띄는 파란색 색상만은 아닐 것이다. 수도관이 높은 곳에 있어서 동물들

은 멕시코 수도의 번잡함에서 벗어나 안전하고 편안하게 볼
일을 볼 수 있을 것이다.

눈에 잘 띄는 공중변소에는 단점도 있다. 그곳이 자칫 '죽
음의 장소'가 될 수도 있다. 그런 공개된 화장실을 이용하면,
야생토끼 같은 인기 많은 먹잇감 동물은 자기 자신을 은쟁반
에 올려 천적에게 고스란히 바칠 위험에 언제나 노출되어 있
다. 그러므로 야생토끼는 공중변소 위치를 정할 때 천적에게
잡아먹힐 위험을 계산해 본다. 맹금류 혹은 여우에게 잡아먹
힐 위험이 크면, 공중변소를 눈에 띄는 장소보다는 차라리 안
전한 수풀 근처에 혹은 자기 집 근처에 둔다.

2장
생명은 수신 중

단세포 생물, 식물, 동물에 이르기까지 모든 생명체는 신호를 받아들이는 '정보 수신소'를 갖고 있다. 생명체는 이른바 수용체라고 하는 이런 수신소의 도움으로 비로소 주변 환경의 특성을 감지할 수 있다. 또한 생명체는 수용체 덕분에 다른 생명체와 정보를 교환할 수 있다. 즉, 바이오커뮤니케이션이 가능하다. 단순한 유기체의 수용체는 단지 하나 혹은 소수의 세포로 구성되지만, 척추동물의 수용체는 수천 개 세포가 모여 눈이나 귀 같은 감각기관이 되고, 이 감각기관은 정보를 받아들이는 데 뛰어난 능력을 발휘한다.

수용체가 없으면 정보도 없다

수용체는 여러 방향에서 오는 정보들을 수신한다. '내부'를 담당하는 수용체도 있는데, 이것은 생명체의 내부 정보를 수집한다. 이런 '내부수용체'는 예를 들어 세포 내 수분이나 혈관 내 혈액의 압력에 예민하게 반응한다. 우리가 언제 수저를 내려놓고, 언제 화장실에 가야 할지 아는 것 역시 위나 방광에 있는 수용체 덕분이다. 주변 환경에서 오는 정보를 받아들이고 다른 생명체와 소통하는 데는 '외부수용체'가 투입된다. 외부수용체를 많이 가진 생명체일수록 주변 환경을 더 상세하게 감지한다. 단세포 생물인 박테리아조차 이런 방식으로 주변 환경과 직접 소통한다. 그들의 수용체는 세포 표면에 있고, 그래서 곧바로 세포의 외부경계가 된다. 이런 외부수용체는 빛, 압력 혹은 화학 물질에 예민하게 반응한다. 단세포 생물 같은 단순한 생명체가 어떻게 주변 환경을 감지하고 정보를 교환하는지 보여주는 아주 좋은 사례가 바로 짚신벌레다.

짚신벌레에 관한 좀 더 자세한 내용은 이 책의 뒷부분에서 살펴보기로 하고, 여기에서는 이 단세포 생물이 물에서 빠르고 자유롭게 사방으로 움직일 수 있다는 것을 아는 정도면 충분하다. 이 단세포 생물이 짚신벌레라는 이름을 얻은 데는 다 이유가 있다. 꼬리가 달린 짚신벌레(Paramecium caudatum)는 길쭉한 타원형인데, 그 모습이 정말로 짚신을 연상시킨다. 대부분의 다른 단세포 생물과 비교할 때, 짚신벌레는 심지어 우리 눈으로 볼 수 있으며, 작은 점처럼 보인다. 짚신벌레가 이리저리 이동할 때, 세포 외막에 있는 수용체에 영양소가 와서 닿으면, 이 단세포 생물은 이것을 토대로 먹이가 있는 방향으로 정확히 이동할 수 있다. 반대로 주변에서 위험한 물질을 감지하면, 짚신벌레의 동작이 금세 재빨라진다. 물에는 짚신벌레에게 좋지 않은 수많은 물질이 녹아 있다. 특정 농도의 이산화탄소 역시 그중 하나다. 짚신벌레의 표면에 있는 화학 물질 수용체는 '독 물질'뿐 아니라, 천적의 화학 정보도 감지할 수 있다. 이런 정보를 감지하는 즉시 생화학적 연쇄반응이 시작되고, 짚신벌레는 재빨리 위험에서 도망친다.

시각 정보, 화학 정보 혹은 물리적 충격을 감지하는 수용체 덕분에 버섯과 식물도 각자의 서식지에서 잘 살아가고, 아주 고유한 방식으로 다른 생명체와 소통할 수 있다. 대신에 그들은 자신의 거주지를 절대 떠나지 않는다! 두 식물의 뿌리가 닿으면, 이런 접촉은 양측 뿌리 표면에 압력을 만들어낸다. 압력에 민감한 뿌리 세포 수용체는 이런 접촉을 감지하고, 그에 대한 반응으로 두 식물의 뿌리는 자라는 방향을 즉시 바꿔 서로 엉키지 않게 한다.

인간을 포함한 동물처럼 고차원으로 발달한 생명체의 경우 수많은 수용체가 '같은 감각을 담당하는' 세포와 뭉쳐 눈이나 귀 같은 감각기관을 형성하는데, 동물의 감각기관은 다양한 성능을 보여준다. 이처럼 동물은 소통에 전문화된 세포를 가진다. 이 세포들은 환경에서 온 정보를 수신할 뿐 아니라 체내에서도 정보를 주고받는다.

수용체와 댐의 공통점은?

도입부에서 다뤘던 클로드 섀넌과 워렌 위버의 전화통화 모형을 다시 떠올려보자. 발신자가 올바른 번호를 누르는 순간 수신자의 전화기가 울린다(물론, 모든 기술적 요소가 제대로 작동하고 번호를 눌렀을 때 수신자가 통화 중이 아니어야 한다). 세포의 수용체들도 적합한 정보를 받으면 전화기와 똑같이 반응한다. 당연히 수용체는 전화기와 달리 벨이 울리진 않는다. 수용체를 가진 이 세포는 받은 정보에 대한 반응으로 자신의 '잠재성(potential)'을 바꾼다. '잠재성'이라는 단어는 라틴어 '포텐치아(potentia)'에서 유래했는데, 능력 혹은 힘이라는 뜻으로 '제공 가능한 모든 수단의 총합'을 나타낸다. 적합한 정보가 도착하는 즉시, 잠재성은 수용체 세포의 변화에 필요한 힘을 제공한다.

물을 막고 있는 댐에 빗대어 생각하면 이해가 쉽다. 댐의 이쪽과 저쪽에 있는 물의 양이 서로 다르다. 이때 댐을 없애면, 물이 많았던 쪽에서 적었던 쪽으로 세차게 흐를 것이다. 우리 인간은 이런 원리를 수력발전에 이용한다. 갇혔던 물이 세차게 흐르자마자 물에서 에너지가 나오고, 갇혔던 잠재성도 나온다. 펌프로 물을 다시 퍼 올려 가두려면 역시 많은 에너지가 필요하다.

댐의 비유를 이제 생명체의 수용체에 적용해보자. 세포 외막이 댐 구실을 한다. 세포 외막이 있어서 세포 내부와 외부가 생기고, 이 외막이 여러 화학 물질의 투과를 가로막는다. 세포 내부와 외부에 있는 화학 물질의 양은 서로 다르다. 세포 외막은 전하들도 갈라놓는다. 전하에는 양전하와 음전하가 있다. 쉽게 말해 플러스와 마이너스 혹은 낙천적인 긍정이와 염세적인 부정이.

댐에 갇힌 물처럼 전하들도 세포 외막에 '갇혀' 있다. 수용체 세포가 활동을 접고 정보를 수신하지 않으면, 대부분의 '긍정이'는 수용체 세포 바깥쪽에 있고, 대부분의 '부정이'는 세포 안쪽에 있다. 말하자면 외부의 분위기는 긍정이들로 인해 긍정적이고 낙천적이지만 내부는 부정이들로 인해 부정적이고 염세적이다. 세포 외막에는 문이 있고, 이 문이 열리면 전하들이 자리를 바꿀 수 있다. 그렇다면 이 문은 과연 언제 열릴까? 이미 눈치챘겠지만, 그렇다, 바로 벨이 울리면 열린다! 적합한 정보가 도착하자마자 수용체 세포의 외막에 있는 문이 열린다. 이제 양전하와 음전하가 각각 다른 쪽으로 이동한다. 적합한 정보가 수용체 세포에 많이 도착할수록 세포 내부와 외부의 잠재성 역시 많이 변한다. 잠재성은 모든 살아 있는 세포에 있지만, 이런 활동전위 형식의 잠재성 변화를 멀리까지 전달할 수 있는 것은 신경세포 같은 흥분성 세포뿐이다.

정보 수신소 직원

버섯이나 식물과는 달리, 동물은 이동이 잦고 거주지를 바꾼다. 그래서 그들은 주변 정보를 계속 감지하고, 새로운 것에 빨리 적응해야 한다. 당신은 이것을 분명 일상에서 직접 체험했을 것이다. 당신의 감각기관은 편안하게 소파에 앉아 거의 움직이지 않을 때보다 여기저기 많이 돌아다닐 때 훨씬 강하게 주변 정보를 감지한다. 그래서 동물에게는 매일 쏟아지는 정보의 홍수를 통제하고 그중에서 가장 중요한 정보를 걸러내는 데 도움이 되는 아주 특별한 수용체가 있다. 바로 신경세포다.

신경세포는 그 형식과 기능 면에서 온전히 정보의 수신, 분류, 전달에 집중하도록 만들어졌다. 그래서 신경세포의 한쪽에는 일종의 '받은메일함'이 있다. 이곳 신경세포막에 있는 손가락 모양의 작은 돌기, 즉 '수상돌기'에 정보들이 도착한다. 도착한 정보들은 세포막의 잠재성도 바꾼다. 정보가 많이 도착할수록 더 많은 전하가 자리를 바꿀 수 있다. 도착한 정보들이 받은메일함에서 '중요하지 않은 메일'로 분류되면,

그것은 신경세포의 '보낸메일함'에 결코 도달할 수 없다. 보낸메일함은 신경세포의 다른 쪽에 있고, 받은메일함과 마찬가지로 돌기이다. 그러나 이 돌기는 수상돌기보다 훨씬 길고 '축색돌기'라고 불린다. 축색돌기는 전화선과 같다. 그러니까 축색돌기는 받은 정보를 다른 세포의 받은메일함으로 전달한다. 축색돌기의 보낸메일함에서는 정보를 보내거나 보내지 않거나 둘 중 하나만 할 수 있다.

신경세포에게는 다른 표현능력이 없다. 그러므로 축색돌기의 정보 전달은 대략 모스부호처럼 작동한다. 정보는 전기 신호의 강도가 아니라, 빈도와 간격에 들어 있다. 세포막의 문이 충분히 오래 열려 있어서 거의 모든 전하가 자리를 바꿀 수 있을 때만, 축색돌기에서 정보 전달이 이루어진다. 신경세포의 축색돌기에 있는 잠재성이 완전히 바뀌는 것을 활동전위라고 부른다. 활동전위가 되면 세포 내부는 '긍정적인 분위기'로 바뀌고 세포 외부는 '부정적인 분위기'가 된다. 달리 표현하면, 이제 댐이 사라지고 물은 자신의 모든 잠재성을 발휘한다. 문이 열리느냐 마느냐는, 수상돌기의 받은메일함에 중요한 정보가 얼마나 많이 도착했느냐에 달려 있다. 그리고 축색돌기는 계속 정보 전달을 담당하기 위해 계속해서 새롭게 잠재성을 재정비해야 한다.

댐과 비슷하게 축색돌기 역시 전기 펌프가 필요하다. 전기 펌프로 전기 자극이 축색돌기를 따라 전파된다. 축색돌기의 끝은 다른 신경세포의 수상돌기와 아주 근접해 있고, 두 세포는 아주 미세하게 분리되어 있다. 화학 전달물질이 이제 축색돌기의 끝에서 미세한 간격을 점프하여 인접한 신경세포의 수상돌기로 정보를 전달한다. 축색돌기가 모스부호를 자주 보낼수록 더 많은 전달물질이 활동하고, 수상돌기의 세포막에서 더 많은 전하가 자리를 바꾼다.

신경세포가 모여 신경계가 된다

신경세포는 다른 신경세포와 결합하여 신경계를 형성하고, 신경계는 체내 다른 세포들과 직접 또는 간접적으로 연결되어 정보를 제공한다. 또한 신경세포는 생명체에, 특히 근육세포에 영향을 미칠 수 있다. 동물의 발달단계에 따라 신경세포의 수가 다르고 그래서 신경계의 크기도 다르다. 예를 들어, 바다에 사는 강장동물은 신경세포가 몇 개 안 되는 아주 단순한 생명체이다. 이들의 신경세포는 가장 단순한 형식인 신경망을 형성한다. 달팽이, 곤충, 거미 같은 여러 무척추동물은 머리와 배에 신경세포가 모여 있다. 신경세포가 신체 부위에 그렇게 모여야 냄새를 맡고 보고 들을 수 있다.

신경세포가 가장 많이 모인 곳에 신경계 본부가 있다. 척추동물의 경우 뇌와 척수는 두개골과 척추 안에서 안전하게 보호받는다. 생명체의 표면에서 정보를 수신하는 수용체들은 혼자 힘으로 듣거나 보거나 냄새를 맡을 수 없다. 그들은 그저 다양한 정보를 통일된 언어로 '번역하고' 그것을 전달할 뿐이다. 오직 뇌만이 다양한 수용체로부터 받은 정보를 서로 연결하고 기억과 비교하며, 필요하다면 적합한 행동 반응을 지시할 수 있다. 최신 연구 분야인 식물 신경생물학의 중심 질문은 이렇다. 식물에는 정말로 신경세포가 없고 그래서 뇌역시 있을 수 없는 걸까? 그러나 전기신호 혹은 도파민이나 세로토닌 같은 화학 전달물질의 존재가 증명하듯이, 비록 식물에 진짜 뇌가 없더라도 오랫동안 생각했던 것보다 훨씬 더 많은 일이 식물에서 일어나고 있다.

가져야 할 수 있다: 동굴 물고기가 앞을 못 보는 이유

생명의 목표는 생명을 유지하는 것이고, 그래서 의사소통에서도 삶과 죽음이 중요하다. 한 생명체가 다른 생명체와 소통하려면, 둘은 공명해야 한다. 그러니까 '같은' 언어를 써야 한다. 발신자는 자신이 보낸 정보에 맞는 하드웨어와 소프트웨어가 수신자에게도 있음을 확신할 수 있어야 한다. 다시 말해, 당신이 누군가와 통화하려면, 당신은 전화기가 있어야 하고 수신자의 전화번호를 알아야 한다. 이제 나는 동굴 물고기에 관한 다음의 예시로, '전화번호에 맞는 전화기'가 수신자에

동굴형 대서양 몰리는 멕시코 석회동굴의 암흑 속에서 퇴화
한 눈으로 산다.

게 있느냐 없느냐를 결정하는 데 생활환경이 얼마나 중요한지
를 당신에게 보여주고자 한다.

앞에서 멕시코 정글에 사는 대서양 몰리를 나의 연구대상
으로 소개했었다. 대서양 몰리 중에는 동굴 밖 햇빛 아래에
사는 종도 있고 깜깜한 동굴 안에 사는 종도 있다. 동굴 밖에
사는 대서양 몰리의 수컷은 지느러미가 독특한 주황색이고,
그래서 색이 덜 진한 암컷과 쉽게 구별된다. 깜깜한 동굴 안
에 사는 대서양 몰리는 이런 색깔이 없고, "밤에 보면 고양이
는 모두 회색이다"라는 속담을 입증한다. '동굴 물고기'는 색
깔이 없을 뿐 아니라, 눈 역시 심하게 퇴화하여 그 기능이 매
우 제한적이다. 희끄무레한 색과 퇴화한 눈은 동굴 물고기를
지하 세계의 유령처럼 보이게 한다. 동굴 물고기는 자연이 얼
마나 경제적인지 보여주는 인상적인 예시이다. 자연은 불필
요한 것을 애초에 생산하지 않거나 상황에 맞게 축소한다. 의

사소통에 '가시광선' 채널을 어차피 사용할 수 없다면, 굳이 눈을 만드는 데 시간과 에너지를 투자할 이유가 없지 않겠나? 집에 전화선이 없다면, 비싼 전화기가 무슨 소용이겠는가?

당신의 눈동자에 건배

영화 〈카사블랑카〉에서 험프리 보가트는 잉그리드 버그만의 귀에 유명한 대사를 속삭인다.

"당신의 눈동자에 건배!"

만약 험프리 보가트가 로맨스라고는 모르는 현학적인 생물학자였더라면, 그는 아마도 눈동자 대신에 '광각기관'이라는 단어를 선택했을 것이다. 그리고 이 단어는 잉그리드 버그만에게 로맨틱한 효과를 내지 못했을 것이다. 동물의 눈은 빛을 감지하는 감각기관이고, 이 기관의 핵심은 빛을 감지하는 이른바 '광각세포'이다. 광각세포는 화학 색소를 이용해 빛을 포착할 수 있는 특별한 신경세포이다. 색소가 빛을 포착하면 광각세포의 전기 잠재성이 바뀐다. 색소가 가시광선에 반응하면 이 광각세포는 '광수용체', 즉 빛의 수신소가 된다. 직접 눈으로 확인하시라!

광각세포가 전자 에너지를 붙잡는다

"숲이 보고 있다."

얼마 전 기차 안에서 이 글귀가 나의 눈길을 끌었고, 나는 눈이 달린 나무가 인간처럼 볼 수 있는 판타지 소설의 장면을 즉시 떠올렸다. 이런 마법의 나무들은 본연의 모습에 어울리지 않게, 움직이고 싶어 하고 주변을 탐색하기 위해 숲을 떠난다. 나는 이런 상상 속에 기사를 읽었고, 세 줄만에 그만두었다. 기사 내용은 눈을 뜨고 세계역사를 누비는 나무 얘기가 아니었다. 점점 더 자주 카메라를 숲에 설치하고, 여우나 멧돼지 혹은 심지어 살쾡이를 촬영하고자 하는 사냥꾼에 관한 내용이었다. 그러니까 우리가 숲을 거닐 때 누군가 우리를 보고 있다는 기분이 들게 하는 것은 나무가 아니다. 아니면 혹시 정말로 나무일 수도 있을까?

어찌 보면, 식물은 가장 잘 '본다'. 식물은 쏟아지는 빛을 감지하는 수많은 수용체를 가졌다. 식물은 잎과 꽃에 있는 화학 색소로 전자기 에너지를 폭넓게 붙잡는다. 잎에 들어 있는 색소는 가시광선의 빨강과 파랑 영역을 흡수하고 초록 영역을 반사한다. 그래서 잎은 초록색이다. 식물은 잎의 광각세포의 도움으로, 정보에 즉시 반응할 수 있다. 광수용체들은 쏟아지는 빛의 전자 에너지를 토대로, 해가 떠 있는 시간이나 현재 시각을 측정한다. 해가 떠서 질 때까지 빨강과 파랑의 양이 변한다. 아침저녁에 해가 낮게 떠 있으면, 빨강이 특히 많다. 반면 한낮에 해가 하늘 중앙 최고점에 도달하여 빛을 수직으로 비출 때는 파랑이 가장 많다. 파랑이 식물의 광수용체에 많이 도달하면, 나뭇잎은 몸을 돌려 빛을 피한다.

꽃이 피느냐 마느냐 역시 쏟아지는 햇살이 결정한다. 실베스트리스 꽃담배(Nicotiana sylvestris) 같은 이른바 장일식물(Long-day plants, LDP)은 낮의 길이가 11시간 이상일 때만 꽃을 피운다. 유글레나 같은 수생 단세포 생물도 광합성을 한다. 그들은 표면에 붉은 색소를 가졌고, 이 '눈'으로 그들은 빛이 있는 곳으로 정확히 움직일 수 있다.

벌레처럼 단순한 동물은 한 곳에 단지 소수의 광각세포를 가졌고, 그래서 빛의 방향과 강도만 감지할 수 있다. 그러나 고등동물의 뇌에는 광각세포가 아주 많고, 이 세포들이 정보를 분석하면 그때 비로소 주변을 파악할 수 있다. 우리 인간을 포함한 육지에 사는 척추동물은 주변이 실제로 어떤 모습일지 상상할 줄 알아야 한다. 이를테면, 다른 생명체는 어떤 형태와 색상을 가졌고, 어디로 움직이고 얼마나 빨리 움직일까? 그러므로 성능이 좋은 눈은 아주 많은 광각세포로 구성되었고, 다양한 조직이 모여 형성된 진정한 신체기관이다. 쏟아지는 빛을 광각세포로 모아주는 수정체도 이런 다양한 조직 중 하나다.

색소, 술잔, 세포: 편충의 눈 완성

동물의 눈에 주변 환경이 어떻게 비치느냐는 여러 요소에 달렸다. 무엇보다 광각세포의 상태와 수가 중요한데, 이것은 각 동물의 생활환경에 따라 조절된다. 편충류인 와충은 삶의 터전인 물속에서 늘 조심해야 한다. 그들을 잡아먹는 포식자가 언제 지나갈지 모르기 때문이다. 그래서 플라나리아(Dugesia tigrina) 같은 와충은 비록 아주 단순하지만, 이른바 '색소술잔세포(Pigmentbecherocellus)'라고 불리는 '눈'을 가졌다.

사실 이름이 벌써 모든 것을 말해준다. 이름을 보면 이 광수용체 세포가 무엇으로 구성되었는지 알 수 있다. 색소술잔세포는 색소(pigment), 술잔(becher), 세포(cellus)로 이루어졌다! 색소는 포도주잔 모양의 검은 세포층을 담요처럼 두르고 있고, 이 세포층에 광각세포가 있다. 색소는 작은 구멍만 빼고, 광수용체의 빛을 모두 차단한다. 시각 정보를 수신해야 할 광각세포가 왜 빛을 차단할까? 색소가 빼놓은 작은 구멍이 있기 때문이다. 오른쪽 눈에서는 이 구멍이 왼쪽에 있고, 왼쪽 눈에서는 오른쪽에 있다. 광각세포는 빛의 각도와 강도를 통해 머리에 있는 신경세포 뭉치로 시각 정보를 전달한다. 이 신경세포 뭉치는 빛이 양쪽 눈에 똑같이 적게 들어올 때까지 '머리를 돌리라고' 명령한다. 관심을 한몸에 받지 않도록 빛에서 멀어지는 반응은 이 작은 와충에게 목숨이 달린 중요한

플라나리아 같은 와충이 색소술잔세포라는 아주 단순한 모델의 눈을 이용한다.

문제다. 그래서 플라나리아는 바위 밑 같은 어두운 구석에 몸을 숨겨 포식자를 피할 수 있다.

어두운 구석 얘기가 나와서 하는 말인데, 이런 경험이 있지 않은가? 한밤중에 깨서 잠에 취한 채 화장실로 가서 불을 켠다. 그때 어떤 은색 물체가 '샥-' 하고 하수구 속으로 사라진다.

곤충과 가재는 다각도로 본다

한밤중에 화장실의 축축한 하수구 주변을 돌아다니는 물체가 은색 좀벌레만은 아니다. 무척추동물에 속하는 모든 곤충도 이런 환경을 좋아한다. 곤충은 눈과 입이 있는 머리, 다리 세 쌍이 달린 가슴 그리고 소화기관 및 생식기관이 있는 배를 가졌다. 우리가 지금 주의를 기울일 곳은 머리다. 여기에 광각세포가 있는 눈이 있기 때문이다.

곤충과 가재 같은 대다수 절지동물에게 '시각'은 복합적인 일이다. 그들은 수천 개의 개별 눈이 합쳐져 '겹눈'이라고도 불리는 '복합눈'을 가졌기 때문이다. 수천 개에 달하는 개별 눈은 '낱눈(Ommatidium)'이라고 부른다. 낱눈은 고정되어 있어서 언제나 정해진 각도에서 오는 빛만 수신한다. 낱눈의 바깥 부분에 투명한 렌즈가 있는데, 이것이 빛을 모아 밑에 있는 광각세포로 보낸다. 광각세포에는 빛을 흡수하는 색소인 '로돕신'이 있다. 이 색소는 아주 흔한 '빛 수집가'로 척추동물의 눈에도 있다. 무척추 절지동물의 겹눈에서는, 낱눈의 맨 밑에 있는 축색돌기가 로돕신이 흡수한 빛을 이용해 뇌에 시각 정보를 전달한다. 이런 방식으로 각각의 모든 미니 낱눈이 전체 장면의 한 점, 그러니까 주변의 한 단면만 뇌에 보낸다. 각각의 낱눈이 서로 다른 각도에서 본 단면을 뇌에 보내면, 그것이 뇌에서 모자이크 그림으로 합쳐진다. 이 모자이크 그림은 우리 인간의 시각 정보만큼 선명하진 않지만, 그 대신 1초에 최대 300번까지, 즉 우리 인간보다 약 여섯 배 자주 바뀐다. 잠자리의 겹눈이 특히 인상적인데, 겹눈 하나에 낱눈이 수만 개에 이르는 일부 잠자리 종은 눈이 거의 머리 전체를 차지한다.

여느 곤충과 마찬가지로 잠자리 역시 수많은 포식자의 식단에서 맨 위에 있다. 그들의 생존은 천적의 위치를 재빨리 파악하는 데 달렸다! 한편 잠자리 역시 탁월한 사냥꾼으로, 날면서 먹잇감을 잡을 수 있다. 어떻게 그럴 수 있을까? 애리조나대학의 신경생물학자들이 흰꼬리잠자리(Plathemis lydia)를 관찰하여 그것을 알아냈다. 연구진은 흰꼬리잠자리 머리에 표식을 해두고, 초당 200장을 촬영하는 카메라로, 사냥하는 잠자리의 머리와 몸의 움직임을 추적했다. 잠자리는 '비행 중인' 목표물을 시야 안에 정확히 두기 위해 전투기처럼 계속 위치를 바꿨다. 그렇게 목표물을 표적에 맞춘 잠자리는 먹잇감의 항로를 정확히 따라가며, 먹잇감이 재빨리 도망쳐도 즉각 반응하여 따라갈 수 있다. 갯가재 역시 노련한 포식자이다. 갯가재는 낱눈 1만 개를 가졌고 그래서 절지동물로서는 놀라운 시력을 가졌다. 겹눈은 자외선이나 적외선 같은 가시광선 이외의 영역도 포착할 수 있다. 그래서 곤충은 우리 인간과 전혀 다른 눈으로 세상을 본다.

구덩이 눈과 핀홀카메라 눈

달팽이 같은 연체동물은 '시각' 주제에서 특히 흥미롭다. 연체동물은 수많은 종만큼이나 다양한 눈 모델을 발달시켰기 때문이다. 그중 가장 단순한 모델은 삿갓조개의 눈이다. 이른바 '구덩이 눈'으로, 아무것도 없이 갑자기 움푹 구덩이가 파였고 그 안에 광각세포가 있다. 플라나리아의 색소술잔세포와 비슷하게, 여기에서도 색소가 광수용체를 가로막는다. 그렇게 구덩이 눈 역시 빛이 오는 방향과 강도를 간단히 특정할 수 있다. 이런 '구덩이 눈'을 기반으로, 핀홀카메라 눈 혹은 렌즈 눈 같은 다양한 유형들이 발달했다.

핀홀카메라 눈의 경우, 구덩이 눈의 구멍이 아주 작아져서 그 뒤에 있는 광각세포 층에 빛이 거의 들어오지 않는다. 그래서 주변의 단편적인 작은 그림만이 이 층에 투사될 수 있다. 핀홀카메라 눈을 우리는 연체동물 두족류에 속하는 앵무조개에서 볼 수 있다. 이런 흥미로운 종 대부분은 이미 멸종되어 화석으로만 남아 있다. 그러나 몇몇 소수는 오늘날 서태평양 또는 인도양 몇몇 곳에서 아직 '살아 있는 화석'으로 산

연체동물은 눈 유형에서 특히 대단한 다양성을 보여준다. 부르고뉴달팽이(helix Pomatia)의 물풍선 눈은 촉수에 각각 하나씩 달렸다.

다. 일반적으로 오징어라고 편하게 부르는 두족류의 전형적인 특징처럼, 앵무조개 역시 머리에 감각기관이 있다. 앵무조개의 핀홀카메라 눈 두 개는 포식자로서 주변의 먹잇감을 찾기에 충분한 시력을 발휘한다. 앵무조개는 '진주보트'라는 별칭을 가졌는데, 위험할 때 진주조개 껍질에 몸을 숨기기 때문이다.

다음 눈 모델은, (비록 변형된 형식이라도) 다양한 생명체가 이용하는 탁월한 원리를 보여주는 가장 아름다운 예이다. 바로 렌즈 눈 얘기다. 렌즈 눈은 빛이 들어오는 구멍 위에 렌즈와 그것을 보호하는 각막이 있다. 이런 렌즈 눈은 연체동물 같은 무척추동물에게도 있고, 척추동물의 눈도 이런 렌즈 눈과 매우 흡사하다.

렌즈 눈 덕에 강해진 시력

곤충의 겹눈과 달리 렌즈 눈에는 렌즈가 단 하나뿐이다. 이 렌즈는 밑에 있는 광각세포로 빛을 모아준다. 빛은 먼저 구멍, 그러니까 '동공'을 통과한다. 동공은 눈 한복판에 있는 '검은 구멍'으로, 고리 모양의 근육인 '홍채'에 둘러싸여 있다. 홍채는 카메라의 조리개처럼 작동하는데, 근육의 긴장과 이완으로 동공의 크기를 조절할 수 있다.

그러나 렌즈 눈의 구조를 자세히 살펴보면, 무척추동물과

위쪽: 원숭이올빼미 같은 부엉이들은 눈을 움직이지 못하지만 그 대신 목을 270도 회전할 수 있다. 아래쪽: 집고양이 (Felis sylvestris catus) 같은 야행성 포식자는 '휘판'이라는 '잔류광증폭기'가 눈에 내장되어 있다. 이 추가적인 세포층은 빛을 포착하는 데 도움을 주어 야간 시력을 개선한다.

척추동물의 결정적인 차이가 드러난다. 이를테면 오징어 같은 무척추동물의 경우, 광각세포가 있는 '안구'가 신체표면의 피부층에 있다. 이 경우 광수용체들은 렌즈 바로 밑에 있다. 반면 척추동물의 렌즈 눈은 사이뇌에 그 기원이 있다. 이 경우 빛은 먼저 수많은 세포층을 통과해야 비로소 '원추세포(원뿔 모양)'와 '간상세포(원기둥 모양)'라 불리는 광각세포에 도달한다. 빛이 일단 이곳에 도착하면, 빛에 대한 첫 번째 분석이 곧장 진행된다. 원추세포는 색상을 감지하고, 간상세포는 명암대비를 담당한다. 광각세포는 시신경을 통해 들어온 정보를 뇌의 시각센터로 전달한다. 이제 시각센터는 두 눈이 보낸 모든 정보를 분석한다. 고등동물은 이런 방식으로 패턴을 알아차릴 수 있고 움직임의 방향을 볼 수 있다. 특히 나무 위에 사는 동물과 맹수에게서 공간 시각이 두드러진다.

내 친한 친구도 열렬한 현장생물학자인데, 그 친구는 술라웨시 안경원숭이의 행동을 연구하기 위해 오랫동안 인도네시아 정글에서 지냈다. 안경원숭이는 영장류로, 덩치에 안 맞게 아주 거대한 눈을 가졌고(자연에서 타의 추종을 불허한다!) 그래서 안경원숭이라는 이름이 붙었다. 안경원숭이는 이 거대한 눈으로 실낱 같은 달빛까지 포착할 수 있고, 깜깜한 밤에도 숲에서 나무 꼭대기 사이를 정확히 점프하여 이동할 수 있다.

대다수 동물은 눈을 움직일 수 있는 근육을 가졌지만, 어떤 동물은 그렇지 못해 머리 전체를 돌려야 한다. 예를 들어, 원숭이올빼미 같은 부엉이들은 목을 270도까지 회전할 수 있다. 뒤통수에 눈이 달린 거나 마찬가지다. 부엉이는 고개를 돌려 주변을 다 둘러볼 수 있다. 조류답게 그들의 눈 주위에는 고리 뼈가 있는데, 이 고리는 일종의 관으로 렌즈를 그 밑에 놓인 피부층과 연결하고, 그래서 부엉이는 우리 인간보다 2.7배 더 많은 빛을 포착할 수 있다. 원숭이올빼미는 이런 망원경 눈으로, 달도 뜨지 않은 어두운 밤에 먹잇감을 사냥할 수 있다.

야간 시력으로 말할 것 같으면, 고양이 역시 진정한 대가이다. 고양이의 눈에는 '휘판(Tapetum lucidum)'이라고 불리는 '잔류광증폭기'가 내장되어 있다. 라틴어 'Tapetum lucidum'은 대략 '빛나는 카펫'이라는 뜻이다. 이 '카펫'은 추가적인 세포층으로, 고양이 눈이 빛을 포착하는 데 도움을 준다. 이 빛나는 카펫 때문에 고양이 눈에 빛이 닿는 즉시 '악마의 눈처럼' 고양이 눈에서 빛이 난다. 아무튼, 개와 말의 눈에도 이런 잔류광증폭기가 있다.

듣고 감탄하라

우리는 이제 시각 정보에서 청각 정보로 이동하여 다음의 질문에 도달한다. 소리를 감지하려면 어떤 수용체가 필요할까? 이미 알고 있듯이, 소리는 공기, 물, 사물 같은 주변 매체의 압력을 바꾸는 기계적 진동이다. 그러므로 수신자는 진동

에너지를 수신하여 같이 진동할 수 있는 수용체가 필요하다. 같이 진동하는 공명에는 털과 털 비슷한 구조가 특히 적합하다. 털은 유연하고 그래서 바람에 잘 휘는 풀처럼 주변의 압력 변화에 자기를 맞출 수 있다. 그러므로 여기에서도 공명이 다시 마법의 주문이다!

기계 수용체가 소리에 반응한다

세포 표면에서 진동을 수신하는 '기계 수용체'의 도움으로 생명체는 다양한 종류의 기계적 힘을 감지할 수 있다. 장력, 압력, 굴곡력, 전단력.

전단력이란 사물이나 액체가 반대 방향에서 서로 미는 힘으로, 쉽게 말해 종이를 자르는 가위의 힘을 상상하면 된다. 생명체의 표면에서 생기는 이런 압력의 변화는 음파를 통해 생기지만 또한 직접접촉으로도 생긴다. 박테리아 같은 단세포 생물조차 장애물에 부딪혔을 때, 주변의 장력과 압력을 감지할 수 있다. 식물과 버섯에도 기계적 힘을 감지하는 수용체가 있다. 나중에 상세하게 보게 되겠지만, 식물은 이런 수용체를 이용해 심지어 개별적으로 초식동물에 반응할 수 있다.

초식동물이 직접 식물의 세포 표면에 가하는 압력은 뜯어먹는 움직임의 유형에 따라 다르다. 이런 기계적 영향은 수용체의 전기 잠재성을 바꾸고, 그래서 대대적인 화학반응 불꽃 놀이가 펼쳐진다. 여기에서 끝이 아니다. 식물 뿌리에도 기계 수용체가 있고, 식물은 이것의 도움으로 심지어 지하수의 움직임을 감지할 수 있다. 그러나 '듣는다'라는 단어 뒤에 정확히 무엇이 숨어 있을까? 혹은 다르게 물으면, 만약 내가 숲에서 소리를 지르면, 과연 누가 그 모든 소리를 들을까?

아무도 말하지 않는 곳에는 들을 것도 없다

듣는다는 것은 단지 귀에 있는 기계 수용체로 음파에 공명하는 것 그 이상이다. 청각 정보가 뇌에 전달되어 그곳에서 처리되려면, 음파의 진동이 먼저 신경에 작용하는 전기 자극으로 '번역'되어야 한다. 단세포 생물, 버섯, 식물 그리고 몇몇 단순한 무척추동물이 들을 수 없는 까닭 중 하나가 바로 뇌에 '청각 담당 부서'가 없다는 것이다.

청각 역시 원리는 시각과 똑같다. 소리는 수용체에서 바로 생기지 않는다. 각각의 담당 수용체가 모든 정보를 뇌에 보내면, 그곳에서 하나로 합쳐져 소리가 모사된다. 당신이 아마도 이미 알고 있듯이, 동물 오케스트라에서 무척추동물 중 단지 소수만이 '악기'를 연주하고 그래서 능동적으로 청각 정보를 보낼 수 있다. 벌레나 달팽이 세계에서 우리는 청각기관을 찾을 수 없다. 아무도 말하지 않는데 들을 귀가 왜 필요하겠는가! 그러나 청각기관이 없다고 해서, 이 생명체가 진동을 감

지하지 못하고 그래서 주변의 압력 변화에 반응할 수 없다는
뜻은 아니다.

우리는 소리를 낼 수 있는 거미와 곤충을 기억한다. 특히
곤충은 청각 면에서 아주 큰 두각을 나타내는데, 대다수 곤충
은 매우 음악적이고 수많은 소리를 만들어내기 때문이다. 청
각 정보를 보낼 능력이 있다는 것은 곧 그들에게 청각 정보를
수신하고 처리할 능력이 있다는 뜻이다.

여치는 다리로 듣는다

곤충 같은 절지동물은 체모 혹은 안테나 같은 신체 부위를
이용해 음파를 수신한다. 곤충의 기계 수용체는 이런 단순한
'수신기'의 경도와 길이에 따라 다양한 파장으로 같이 진동한
다. 예를 들어, 대다수 나비와 나방은 포식자가 보내는 청각
정보와 똑같은 파장으로 진동하는 체모를 가졌다. 심지어 수
컷 모기의 청각 수신기는 안테나에 달렸는데, 이것은 오로지
암컷의 비행으로 생긴 진동에만 반응한다!

귀뚜라미와 여치는 청각 면에서 다른 여러 곤충보다 그들
의 다리 길이만큼 뛰어나다. 이른바 '고막기관'이 그들의 앞
다리에 있기 때문이다. 이 고막기관은 막으로 덮인 일종의 공
기주머니인데, 이 막은 우리의 고막과 같은 기능을 하고 외부
매체의 압력 변화에 공명한다.

2012년에 브리스톨대학 연구진은 남아메리카에 서식하는 수풀여치(Copiphora gorgonensis)를 통해 또 다른 수수께끼를 풀었다. 연구진은 고막기관 뒤에서 척추동물의 속귀와 놀라울 정도로 유사한 구조를 찾아냈다. 이들의 고막기관에도, 털 형태의 감각세포인 '유모세포' 형식으로 기계 수용체가 막 위에 있었다. 이런 감각세포는 종에 따라 단지 한두 개 혹은 최대 2,000개까지 있을 수 있다. 연구진은 레이저의 도움으로, 고막기관의 구조뿐 아니라 작동방식도 척추동물의 귀와 놀랍도록 비슷하다는 것을 알아냈다. 연달아 포개진 레버 형태의 구조가 액체로 채워진 어떤 기관에 소리를 전달한다. 음파가 막에 닿자마자 막 위의 유모세포가 같이 진동한다. 그러면 유모세포의 움직임이 신경에 작용하는 전기 자극으로 번역되어 곤충의 뇌로 전달된다. 고막기관은 곤충의 종에 따라 제각각 독립적으로 발달하고 다양한 신체 부위에 있다. 예를 들어, 나비의 고막기관은 날개에 있다.

망치뼈, 모루뼈, 등자뼈: 포유동물의 귀가 작동하는 방식

대다수 척추동물의 속귀는 액체로 채워졌고, 속귀의 막 위에 털 모양의 감각세포가 있다. 음파가 이 막을 때리면, 막이 '진동하고' 그 위에 있는 기계 수용체도 진동한다. 이 진동의 강도와 방향은 감각세포의 다른 쪽 끝에서 전달물질에 의해 번역되어 신경세포를 통해 뇌로 전달된다. 아주 약한 음파에도 막이 진동하려면, 도달한 음파가 증폭되어야 한다. 음파 증폭을 위해 귀에는 근육, 잔뼈, 고막 등 여러 거점이 있다.

청각의 기본원리는 거의 다 똑같다. 그러나 파충류나 양서류 혹은 조류의 귀는 구조가 다르고 그래서 음파를 키우는 '증폭기'의 수도 다르다. 파충류(악어를 제외하고), 양서류, 어류에게는 귓바퀴 형식의 겉귀가 없다. 포유류는 잔뼈 세 개와 고막 하나를 가졌지만, 양서류와 조류는 잔뼈가 한 개뿐이다. 도롱뇽 같은 몇몇 양서류는 고막이 없다. 그들은 고막 대신 근육과 피부만 있다. 파충류에 속하는 뱀들도 겉귀나 고막이 없고, 턱 관절로 진동을 감지한다.

포유류의 귀를 사례로 하여 청각 신호의 경로를 따라가 보자. 우리가 소리를 들으면, 먼저 겉귀, 즉 귓바퀴에 압력 변화가 생긴다. 귓바퀴는 깔때기 구실을 한다. 그러니까 귓바퀴는 주변의 소리 진동을 수집하여 더 작은 면적으로 집중시킨다. 이 면적이 바로 앞에서 얘기한 고막이고, 이것은 겉귀와 중간귀 사이에 있다. 음파는 고막에서 다시 중간귀에 있는 세 개의 잔뼈를 거친다. 이 세 가지 잔뼈의 이름이 '망치뼈', '모루뼈', '등자뼈'이다.

망치뼈는 고막과 연결되었고 진동을 모루뼈에 전달한다. 모루뼈는 다시 등자뼈와 연결되어 있다. 등자뼈는 포유동물

술라웨시섬에 사는 안경원숭이는 움직이고 접을 수 있는 귀를 가졌고, 이것으로 그들은 정글에서 다양한 소리를 감지할 수 있다.

이 가진 가장 작은 뼈이다. 등자뼈는 속귀에 있는, 액체로 채워진 달팽이관의 입구인 '타원창'이라는 곳과 연결되어 있다. 고막에서 타원창까지 이어진 길에서 음파의 강도가 15배로 커지고, 그것이 더 큰 면적(고막)에서 더 작은 면적(타원창)으로 중계된다. 압력은 면적에 가해지는 힘이고, 이제 같은 힘이 더 작은 면적에 가해지므로 타원창에서 음파의 압력 역시 높아진다. 이렇게 높아진 압력이 있어야 액체로 채워진 달팽이관을 진동시키고, 그래서 그 위에 있는 감각세포도 진동시킬 수 있다. 여기에서 진동 정보가 신경에 작용하는 전기 자극으로 번역되고, 그것이 다시 신경세포를 통해 뇌의 '청각 부서'로 전달된다.

이 책을 시작하면서 소개한 시를 상기해 보자. 손 두 개, 눈 두 개? 모든 게 유의미하다! 그러므로 척추동물의 몸 양쪽에 하나씩, 귀가 두 개인 것도 유의미하다. 음파가 두 귀에 시간 간격을 두고 들어오고 소리 강도 역시 달라, 뇌에서 공간적 듣기가 가능하다. 소리가 어디에서 왔고, 얼마나 크며, 이 청각 정보의 발신자는 누구인지 파악할 수 있다. 모든 방향으로 움직일 수 있고 접을 수 있는 귀는 공간적 듣기를 지원한다. 앞에서 만났던 인도네시아의 안경원숭이를 기억할 것이다. 이 원숭이는 거대한 눈 외에 크고, 특히 자유롭게 움직일 수 있는 귀를 가졌는데, 그들은 이 귀로 아주 작은 소리도 어느 쪽에서 나는지 알 수 있다. 이 '안경잡이'는 어두워지면 도청장치를 넓게 펴고, 메뚜기 등의 반가운 소리가 들리기를 기다린다. 열대우림에 잠시 더 머물며 라틴아메리카의 할리퀸 개구리를 만나보자. 이 양서류는 청각과 음파 수신에 관한 주제를 온몸으로 보여준다!

고막 없이 듣기: 소리를 피부로 느끼면

라틴아메리카 열대우림에 사는 (할리퀸 개구리로도 알려진) 독개구리는 미국 오하이오주립대학 연구진을 충격에 빠트렸다. 독개구리 중에는 고막이 있는 종도 있고, 없는 종도 있다. 그러므로 독개구리는 양서류의 청력 발달을 연구하기에 가장 적합한 대상이다. 연구진은 고막이 있는 개구리와 없는 개구리에게 동종의 울음소리를 들려주었다. 그리고 곧바로, 기껏해야 4센티미터 길이에 체중이 2그램인 작은 개구리 몸을 관통하여 청각 신호를 따라갔다. 연구진은 피부표면 세 지점에서 진동을 감지했다. 첫 번째 진동 지점은 폐 바로 윗부분이고, 두 번째 지점은 머리 옆쪽 속귀 위이고, 세 번째 지점은 콧구멍과 눈 사이 중간쯤이었다. 모든 개구리에게서 첫 번째 진동 지점인 폐 바로 윗부분이 음파에 반응하여 가장 강하게 진동했다.

개구리 피부는 가슴 부위가 아주 얇아서 쉽게 진동한다. 실험 개구리가 동종의 울음소리를 들었을 때, 진동이 특히 명확히 측정되었다. 그것은 마치 우리 인간이 누군가를 부를 때마다 매번 상체를 떠는 것과 같았다. 그러나 이 연구에서 특히 흥미로운 점은 종에 따라 가슴에서 귀까지 전달되는 음파의 강도가 다르다는 사실이다. 고막이 있는 개구리의 머리 옆 속귀 윗부분이 고막이 없는 개구리보다 훨씬 더 세게 진동했다. 개구리는 포유류와 달리 겉귀가 없으므로, 그들의 고막은 머리 위에 있고 유모세포가 음파를 속귀로 전달한다. 고막이 없는 종의 경우, 음파가 폐 안의 공기를 지나 속귀의 잔뼈로 간다. 그러나 폐를 지나는 이 우회로는 대가를 치러야 하고, 그래서 고음 감지를 포기해야 한다. 그럼에도 이 작은 할리퀸 개구리는 최대 3,780헤르츠의 고주파로 동료와 소통할 수 있다. 고막 없이 어떻게 그것이 가능한지는, 지금까지도 과학자들에게 수수께끼로 남았다.

물고기의 귓속에 돌이 들어 있는 이유

우리 눈에는 보이지 않지만, 물고기들도 들을 수 있는 '진짜' 귀가 있다. 그러나 그들에게는 겉귀와 중간귀가 없고, 그래서 포유동물과 달리 음파를 전달하는 구조가 없다. 물고기의 속귀는 눈 뒤편 두개골 안에 있다. 육지에 사는 척추동물과 마찬가지로 물고기의 속귀 역시 액체로 채워져 있고 여기에 청각수용체인 유모세포가 있다. 그런데 물속에 살면서 속귀 역시 액체로 채워져 있다면, 물고기는 어떻게 주변의 밀도 변화를 감지할까? 음파가 그냥 통과해 버리지는 않을까?

물속에 사는 거주자들은 '물'이라는 매체의 음파를 '돌'이라는 매체로 혹은 심지어 '공기'라는 매체로 중계함으로써 이 문제를 해결한다. 그래서 물고기의 귓속에는 석회로 만들어진 작은 돌이 있다. 이 돌은 주변의 액상 매체보다 무겁다. 소리의 압력파가 속귀에 닿으면, 이 작은 돌이 아주 천천히 파동에 반응한다. 이 돌이 '구르기 시작하면', 속귀에 같이 있는 청각세포의 위치도 바뀐다. 청각세포의 움직임은 신경에 작용하는 전기 자극 형식으로 번역되어 물고기의 뇌로 전달된다. 그러나 이런 방식의 전달은 저주파의 저음일 경우에만 가능하다. 물론 고주파의 고음도 들을 수 있는 물고기도 많다. 그들의 비결은 무엇일까?

뼈대 있는 물고기들은 공기로 채워진 부레를 갖고, 이 공기 쿠션 덕분에 체중과 상관없이 가볍게 물속을 헤엄칠 수 있다. 그러나 부레는 더 많은 일을 할 수 있다. 부레 안의 공기를 매체로 음파가 전달되어 탄성이 있는 부레 벽을 진동시킨다. 이 진동은 다시 속귀 쪽으로 전달되고, 그곳에서 다시 청각 돌을 움직이게 한다. 그러니까 부레는 일종의 고막처럼 작동하여 음파를 증폭시킨다. 부레가 클수록 물고기의 청력 역시 더 좋다. 오렌지 크로마이드(Etroplus maculatus) 같은 몇몇 시클리드와 모든 청어는 청력을 개선하는 '업그레이드'에 성공했다. 그들의 부레 앞쪽 끝에는 속귀와 직접 닿아 있는 돌출부가 두 개 있다. 그래서 대서양 청어(Clupea harengus)는 30에서 5,000헤르츠 영역의 소리를 놀랍도록 잘 듣고, 심지어 소리가 나는 방향도 알아낼 수 있다. 나중에 더 상세하게 보게 되듯이, 청어는 동료들과 소통하기 위해 아주 특별한 청각 신호를 사용한다. 잉어, 메기, 조기, 칼고기에게도 속귀와 부레를 연결해주는 작은 뼈가 있다. 행동생물학자 카를 폰 프리슈(Karl von Frisch)는 자신의 논문 「휘파람을 불면 헤엄쳐오는 메기(Ein Zwergwels, der kommt, wenn man ihn pfeift)」에서 물속 동굴에 있는 메기를 어떻게 휘파람 소리로 불러냈는지 기술한다.

옆줄: 전기 및 기계적 정보의 수신

물속에 사는 물고기와 양서류는 근처에서 혹은 멀리서 오는 압력파를 끊임없이 받는다. 예를 들어, 다른 동물이 지나가거나 어떤 장애물 때문에 물의 흐름이 바뀌면, 그런 압력파가 전달된다. 물고기와 양서류는 옆줄(측선계)의 도움으로 압력파를 감지하고, 이런 방식으로 탁한 물속에서도 주변 정보를 수집하여 방향을 잡을 수 있다. 옆줄은 또한 떼 지어 사는 물고기들이 서로 적당한 거리를 유지하도록 도와준다. 옆줄에 있는 정보 수신기는 현미경으로만 볼 수 있는 감각기관으로, '신경소구(neuromasts)'라고 불린다. 이것은 유모세포인데, 아교세포로 고정되어 있고 젤이나 끈적끈적한 덩어리에 둘러싸여 있다.

신경소구는 물고기와 양서류의 피부에 자유롭게 흩어져, 피부 속에 운하와 관으로 구성된 시스템을 구축한다. 이런 운하와 관에서 신경소구는 피부의 모공을 통해 주변의 물과 접촉한다. 물속에서 어떤 움직임이 압력파를 만들면, 이것이 신경소구를 둘러싸고 있는 끈적끈적한 젤 덩어리를 움직이고 그래서 유모세포도 움직인다. 이런 기계적 정보는 다시 신경

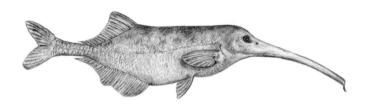

코끼리고기(Campylomormyrus numenius)는 약한 전기를 가진 물고기에 속하고, 이들은 피부표면의 변형된 근육세포나 신경 세포를 이용해 전기장을 만들어낸다. 코끼리고기는 전기신호 를 이용해 동료와 소통한다.

세포에 작용하는 전기 자극으로 바뀌어 뇌에 전달된다. 옆줄에 있는 운하는 피부 속에 있는 가장 긴 관이다. 미세한 모공이 아가미덮개에서 몸통 끝까지 줄지어 있는 것을 대다수 물고기에서 명확하게 볼 수 있다. 이 옆줄은 아주 가까이에서 오는 음파도 파악할 수 있다. 반면 멀리서 오는 음파는 충분히 강한 압력파를 만들지 않아 신경소구가 감지하지 못한다. 그러므로 옆줄은 의사소통을 위한 청각 정보 수신에서 중요한 구실을 하지 않는다.

반면 물고기의 옆줄에서 발달한 전기 및 지구자기장 정보 수신시스템은 완전히 다르다. 몇몇 물고기들의 피부 아래에 이런 운하시스템이 있는데, 이 운하는 전도물질로 채워져 있다. 욕조에서 드라이어기를 사용하면 위험하다는 것을 우리는 잘 안다. 물이 순식간에 전기를 전달하기 때문이다. 코끼리고기와 칼고기처럼 약한 전기를 가진 물고기들은 바로 이런 전기를 이용해 물속에서 동료들과 빠르게 소통할 수 있다. 진흙투성이 민물에 사는 물고기들은 피부표면의 변형된 근육세포나 신경세포를 이용해 약한 전기장을 만들어낼 수 있다. 이들 대부분은 야행성이고 밑바닥에 산다. 이렇게 어두운 곳에서는 눈이 무용지물이므로 발달 과정에서, 예를 들어 짝짓기 상대를 유혹하기 위한 전기신호 같은 의사소통 형식이 자리를 잡았다.

약한 전기를 가진 물고기 이외에 아마존에 사는 전기뱀장어처럼 강한 전기를 가진 물고기도 있다. 전기뱀장어는 최대 900볼트 전류를 만들어낼 수 있다. 왜 그들이 전기뱀장어라 불리는지 바로 이해가 된다. 헤엄치는 '전기충격기'라 할 만한 전기뱀장어, 전기메기 혹은 전기가오리는 먹잇감을 사냥하고 적을 물리치는 데 전기를 이용한다. 그러나 의사소통에는 전기를 사용하지 않는다. 강한 전기를 가진 물고기들은 비록 스스로 전기를 만들어낼 수 있지만, 전기신호를 수신하는 시스템은 갖고 있지 않다.

언제나 후각세포 먼저

눈을 감고, 숲에 있는 상상을 해보라. 맑은 공기를 깊게 들이쉬어라. 한여름이고 천둥 번개를 동반한 폭우가 쏟아진 뒤라 숲의 향기가 특히 진하게 난다. 나뭇잎, 흙 그리고 (이것 역시 숲에 속하는데) 근처에 있는 멧돼지 똥의 전형적인 냄새를 맡는다. '냄새'라는 단어와 함께 우리는 이제 화학 정보를 수신하는 '화학 수용체'에 도달했다.

선택적 화학 수용체

화학 수용체는 수신시스템 중에서 수명이 가장 길고, 후각과 미각 두 가지 중대 임무를 수행한다. 가장 단순한 형태의 화학 수용체가 벌써 단세포 생물을 도와 주변의 화학 물질을 감지하도록 한다. 박테리아는 화학 수용체의 도움으로 설탕 분자를 결합할 수 있고, 맛있는 먹이가 있는 쪽으로 움직일 수 있다. 또한 박테리아는 세포 표면에 있는 화학 수용체 덕분에 독 물질도 알아차린다. 그러면 단세포 생물은 재빨리 위험한 곳에서 달아날 수 있다. 무엇보다 육지에 사는 생명체에게 화학 수용체는 먼 거리의 정보를 수신하는 데 중요하다. 냄새 물질과 화학 수용체의 결합은 열쇠와 자물쇠의 결합과 같다. 몇몇 화학 물질은 마스터키와 같아서 수많은 화학 수용체에 맞다. 반면, 어떤 물질은 특정 수용체에만 맞다. 이 수용체는 도달한 물질을 무조건 들여보내지 않고, 특정 물질만 통과시킨다. 화학 정보를 이용한 의사소통은 발신자를 정확히 파악하는 것이 수신자에게 얼마나 중요한지를 보여주는 아주 멋진 사례이다.

무척추동물은 촉수로 '냄새'를 맡는다

벌레, 절지동물, 연체동물 같은 무척추동물은 특히 화학 물질에 의존하여 방향을 잡는다. 화학 수용체 이외의 수용체는 아예 없거나 대부분 성능이 떨어져서, 다른 생명체와의 소통 역시 화학 정보를 감지하는 능력에 달렸다. 그래서 무척추

유럽딱정벌레(Melolontha melolontha)는 넓적한 촉수를 가졌는데, 여기에 화학 정보를 감지하는 후각세포가 있다.

동물은 온몸에 털 모양의 후각세포를 가졌다. 곤충, 게, 거미의 경우 안테나 혹은 다리처럼 불쑥 솟은 신체 부위에 후각세포가 집중되어 있다. 신체 부위에 난 털 모양의 돌기들이 표면을 넓혀서 최대한 많은 후각세포를 그곳에 배치할 수 있다. 딱정벌레의 촉수가 그렇게 넓은 것도 후각세포를 많이 배치하기 위해서다. 또한 곤충의 안테나가 두 개인 것도 우연이 아니다. 화학 수용체가 있는 안테나가 두 개인 덕분에 공간적으로 냄새를 맡을 수 있다.

척추동물의 후각: 끈적끈적하다

대다수 척추동물의 경우, 화학 정보 감지는 끈적끈적한 일이다. 그것이 끈적한 코점막에서 일어나기 때문이다. 이 '축축하고 끈적한 카펫'은 콧구멍의 윗부분에 깔려 있는데, 후각세포의 일터가 바로 여기다. 동물의 종에 따라 코점막은 후각세포로 복작댄다. 인간의 경우 코점막의 넓이가 겨우 10제곱센티미터인데, 대략 3천만 개의 후각세포가 여기에서 일한다. 개의 코점막은 인간보다 100배가 넓고, 그래서 후각세포 역시 우리보다 훨씬 더 많다. 후각세포 표면에는 작은 섬모가 있는데, 정확히 이 섬모 위에 냄새 물질이 와서 닿는다. 다른 수용체와 달리 후각세포는 평생 대체되고 갱신된다.

인간의 코에서 냄새 물질의 여정을 따라가 보자. 코로 숨을 들이쉬면 공기 중에 있는 냄새 물질이 후각세포에 와서 닿는다. 냄새 분자가 적합한 수용체와 결합하고, 그것으로 수용체의 전기 잠재성이 바뀐다. 이 변화는 다시 신경세포의 언어로 번역되어 신경세포의 보낸메일함, 즉 축색돌기를 경유하여 뇌에 있는 '후각망울(Olfactory bulb)'로 전달된다. 여기에서 정보가 분류되고 합해져서 다시 대뇌의 후각피질로 전달된다. 이제야 비로소 인간은 냄새를 인식한다. 후각세포는 점막에 무작위로 퍼져 있지 않다. 수용체마다 담당하는 후각 정보가 따로 있다. 포유동물의 코점막에 있는 후각세포에도 열쇠-자물쇠 원리가 적용된다. 다시 말해, 비슷한 구조를 가진 같은 부류의 냄새 물질만이 그것에 맞는 수용체 세포와 결합하여 반응을 일으킬 수 있다. 냄새 물질과 수용체 결합에서는 '의자 뺏기 놀이' 규칙이 적용된다. 언제나 단 한 명만이 의자에 앉을 수 있다. 그러나 포유동물의 코점막에는 '의자들'이 아주 많고, 코점막에서 자리를 차지한 냄새 물질의 모든 조각이 뇌에서 후각 이미지로 합쳐진다. 다양한 수용체 유형 덕분에 우리는 최대 1만 개의 다양한 냄새를 구별할 수 있다.

덴마크 의사 루드비히 레빈 야콥슨(Ludwig Levin Jacobson)은 척추동물의 후각으로 명성을 얻었다. 그는 '서골비기관(Vomeronasalorgan)'이라고도 불리는 이른바 '야콥슨 기관'을 발견했다. 이 기관은 화학 신호로 동료와 의사소통하는 데 전문화되었다. 그러나 이 기관은 인간을 포함한 대다수 척추동물에게서 발달이 멈췄고, 새들에게서는 완전히 사라졌다. 반면, 파충류의 야콥슨 기관은 냄새를 맡고 맛을 보는 데 중요한 역할을 한다. 뻐끔살무사(Bitis arietans)는 갈라진 혀로 허공에 있는 화학 물질을 포착한 후, 인후에 있는 야콥슨 기관에 혀를 닦는다. 말하자면 뻐끔살무사에게는 냄새 맡기와 맛보기가 혀 청소와 같다!

Nature is never silent

제2부

'누가' '누구와' '왜' 정보를 교환하는가?

3장
단세포 생물: 최소공간에서의 소통

　뜨거운 유황천에 사는 박테리아, 추운 툰드라지대에 사는 이끼, 어두운 심해에 사는 물고기. 지구의 생명체가 적응해 살지 못할 곳은 없어 보인다. 땅에서, 물에서, 공중에서 그리고 아무리 황폐한 상황이라도 살아내는 것 같다. 그러므로 다양한 생명체를 둘러보며 다음의 질문에 답해보자.

　도대체 '누가' '누구와' '왜' 정보를 교환하는가?

　맨 처음에서 시작해보자!

건초 발효액은 고요하지 않다

　자, 이곳은 나의 작업실이다. 당신을 위해 준비한 것이 여기 있으니, 편한 곳에 자리를 잡기 바란다. 나는 며칠 전에 빗물을 받아, 거기에 건초를 넣어 실온에서 발효시켰다. 마셔보라고 권하지 않을 테니, 걱정하지 마시라. 어쩌면 건강을 위해 기꺼이 마시려는 사람이 있을지도 모르지만 말이다. 이것은 건강 발효액이 아니라 실험도구이다. 이 실험으로 나는 당신에게 뭔가를 보여주고자 한다. 건초는 초원에서 벤 풀을 말린 것이므로, 언뜻 '죽은' 것처럼 보인다. 그러나 건초에는 우리 눈에 보이지 않는 비밀이 숨어 있다. 17세기 학자들이 이미 건초에 수분과 온기를 주면 얼마 뒤에 죽은 건초에서 생명이 깨어나는 것을 목격했다. 건초는 예를 들어 박테리아 같은 수많은 미생물의 서식지이다.

우리 인간은 이런 미세한 생명체를 맨눈으로 볼 수 없고, 오로지 현미경으로만 볼 수 있다. 그래서 이들의 이름이 미생물이다. 인간의 최대 시력으로는 지름 100마이크로미터의 머리카락 한 올을 볼 수 있다. 그런데 미생물의 크기는 100마이크로미터 미만이다.

대다수 미생물은 버티고 견디는 기술을 발달시켜 장기간의 가뭄에도 생존할 수 있다. 내가 수분과 온기를 공급하여 가뭄을 없애고 상황을 개선하면, 미생물은 영화 속 좀비들처럼 다시 깨어난다. 며칠 뒤면 미생물이 엄청나게 늘어나, 눈에 보이지 않는 미생물 우주를 관찰한 보람을 안겨준다. 이제 조심스럽게 건초 발효액 한 방울을 작은 유리판에 떨어트려 현미경 아래에 두고 400배로 확대했다. 자, 보시라. 여기 수많은 미생물이 우글거린다. 눈벌레, 짚신벌레, 코벌레, 나팔벌레, 무기벌레, 아메바, 건초균…. 건초 발효액 단 한 방울 안에 이렇게 많은 생명체가 복작대며 살고 있다.

1인 기업 세포: 초미세 발신자와 수신자

단세포 생물이라는 이름이 괜히 붙은 게 아니다. 이들은 정말로 단 하나의 세포로 이루어졌다. 정보 수신에 필요한 것을 포함해서 생명체가 필요로 하는 모든 것이 '작은 방' 하나에 다 들어 있다. 세포 외막에 정보 수신소, 즉 수용체가 있고, 짚신벌레와 그 부류들은 이것의 도움으로 환경에 적응하며 살아갈 수 있다. 이 수용체는 예를 들어 외부 압력에 반응한다. 다른 단세포 생물이 앞서가거나 옆에서 갑자기 끼어들면, 건초균은 그것을 '감지'한다. 내가 실수로 유리판을 건드려서 물방울 안에 '해저 지진'을 일으켜도, 단세포 생물은 그들의 수용체로 변화를 감지한다. 유리판을 건드리면 그것이 물방울을 흔들고, 세포 표면의 기계 수용체는 주변의 압력 변화를 감지한다. 그러면 수용체는 이 정보를 세포 안에 있는 화학 전달물질을 통해 다시 전달한다. 그러면 단세포 생물은 이런 정보에 반응하여, 해저 지진이 끝날 때까지 움직이지 않고 가만히 기다린다. 이렇듯 단 하나의 세포 안에서 외부세계와의 의사소통이 진행된다. 세포 하나에 '받은메일함' '정보 작업'

'보낸메일함'이 다 있다.

원핵세포와 진핵세포: 핵이 차이를 만든다

건초 발효액 한 방울 안에 벌써 단세포 생물의 근본적인 두 종류인 원핵세포(Procyte)와 진핵세포(Eucyte)가 있다. 다른 모든 생명체의 분류가 이 둘을 기반으로 한다. 굳이 차이를 말하자면, 원핵세포가 더 단순하고 정돈이 덜 된 세포이다. 원핵세포는 수많은 독신남의 방처럼 가재도구가 거의 없이 간소하다. 제대로 된 '옷장' 하나 없고, 몇 안 되는 가재도구들도 방 전체에 '마구 흩어져' 있다. DNA 형식의 세포 설계도 역시 '풀어 헤쳐진 채로' 가재도구들과 뒤섞여 있다. 그럼에도 원핵세포에는 나름의 체계가 있고 생명에 필요한 모든 기능이 작동한다. 진핵세포는 원핵세포보다 최대 10배가 더 크고, 명확히 더 발달했다. 말하자면 '업그레이드'되었다.

진핵세포에는 '세포소기관'이라 불리는 작업공간이 따로 분리되어 있다. 세포소기관 중 하나가 세포핵인데, 이것은 막에 둘러싸여 있다. 이 세포핵 안에 DNA가 잘 접혀져 있고, 그래서 나머지 세포내용물과 명확히 분리되어 있다. 액포(Vacuole) 혹은 미토콘드리아 같은 세포소기관은 물질대사에서 중요한 임무를 맡는다. 예를 들어, 얼마나 많은 물이 세포 안으로 들어오고 나가는지를 담당한다. 진핵세포는 이런 새로운 사치품들을 갑자기 어디에서 얻었을까?

여러 증거에서 드러나듯이, 언젠가 커다란 원핵세포가 더 작은 원핵세포를 안으로 들여 일종의 셰어하우스를 만들었다. 한집에 살게 된 원핵세포들은 공생관계로 서로 도왔다. 이론에 따르면, 이런 원핵세포 셰어하우스가 시간이 지나면서 진핵세포로 발달했다. 원핵세포와 진핵세포의 발생은 자연을 세 영역으로 나눴다.* '고균역', '세균역', '진핵생물역'. 세포 유형은 진핵세포와 원핵세포로 둘뿐인데, 어째서 둘이 아니라 세 영역일까? 고균역과 세균역은 단순한 원핵세포로 만들어졌고, 그래서 '원핵생물'이라 불린다. 동물과 식물 같은 나머지 모든 생명체는 진핵세포로 만들어졌고, 그래서 '진핵생물'이라 불린다.

고균역과 세균역은 원핵생물이다

고균역은 세포 외막 같은 몇몇 특징에서 세균역과 구별된다. 그래서 고균역은 고유한 영역으로 분류된다. '고균'이라는 단어는 그리스어 'archaios'에서 유래했는데, 대략 '원시, 태초'라는 뜻이다. 고균뿐 아니라 세균 역시 35억 년 전과 마찬가지로 오늘날에도 아주 강한 생명체로, 심해의 뜨거운 유황

----

*생명 분류에서 가장 낮은 단계가 '종'이고, 가장 높은 단계가 '역(Domain)'이다.

온천 같은 황폐한 곳에 서식한다. 이 원핵생물은 세포 외막에 자리한 작은 털, 이른바 편모를 이용해 앞으로 이동한다. 편모 아래에 '모터'가 연결되어 있고, 이 모터가 편모를 회전시킨 다. 이런 편모들은 세포 표면 전체를 덮거나 몇몇 자리에만 난 다. 모터에 시동이 걸리면, 편모는 작은 프로펠러처럼 1초에 최대 1,700회를 회전하고 그렇게 추진력이 생겨 세포를 앞으로 보낸다.

어떤 원핵생물은 편모의 회전 방향을 바꿈으로써 후진도 할 수 있다. 이 '선외기'는 전기 모터처럼 작동하여, 세균 중에서 가장 빠른 단거리 선수인 '칸디다투스 오보박테르 프로펠렌스(Candidatus Ovobacter propellens)'에게 초속 1밀리미터라는 최고 기록을 선사한다. 단세포 생물의 소우주에서 떼 지어 사는 점액세균(Myxobacteria)이 다양한 움직임에 대한 또 다른 예를 제공한다. 이 단세포 생물은 점액을 생산하여 그 위에서 앞뒤로 미끄러지거나, 지나가는 이웃 세포에 달라붙어 '세균 은하수를 여행하는 히치하이커'가 될 수 있다.

짚신벌레와 그 부류들: '진핵세포' 유형의 단세포 생물

현미경을 다시 한번 들여다보자. 조명이 물방울을 제대로 달구었고, 작은 단세포 생물들이 더 활기차졌다. 코벌레가 아슬아슬하게 충돌을 피해 눈벌레를 재빨리 지나치고, 아메바 역시 그들의 작은 가짜 발로 작은 물방울 안에서 더 빨리 이리저리 돌아다닌다. 그런데 이 미생물들의 이름에 붙은 '벌레'라는 단어가 약간 혼동을 일으킬 수 있는데, 이 재빠른 단세포 생물들은 사실 '벌레'가 아니기 때문이다. 그러면 뭐란 말인가? 우리가 눈으로 볼 수 있는 버섯, 식물, 동물은 수많은 '진핵세포'로 이루어진 생명체이다. 반면 짚신벌레와 그 부류들은 단 하나 혹은 몇몇 '진핵세포'로 이루어진 '잡동사니' 생명체의 일부이다. 이들은 주로 바다와 민물에 서식하고, 다른

뤼겐 지역의 가파른 해안 절벽은 특히 유공충의 석회질 껍데기로 이루어졌다. 유공충은 대부분 멸종하여 화석으로만 존재한다. 아직 살아 있는 '진핵세포' 유형의 단세포 생물은 대부분 바다 밑바닥에 산다.

생명체의 중요한 식량이 된다. 곰팡이 비슷한 생명체와 광합성 능력이 있는 단세포 해조류 역시 이런 '잡동사니 생명체'에 속한다. 방산충, 돌말류, 유공충처럼 아름다운 형태를 뽐내는 미생물도 더러 있다. 아무튼 이런 단세포 생물의 죽은 유해는 뤼겐 지역의 가파른 해안처럼, 한때 석회 절벽을 형성했었다.

단세포 생물의 형태는 아주 다양하고, 앞으로 이동하는 방법 또한 다양하다. 그들은 각자 가지고 있는 도구에 따라 기거나 미끄러지거나 헤엄치거나 걷는다. 세균 같은 원핵생물은 편모를 가졌고, 짚신벌레 같은 진핵생물은 섬모를 가졌다. 편모와 섬모는 다르다. 섬모는 세포에 붙은 부속물이 아니라 세포막의 돌출부이고, 이 돌출부들이 세포막을 둘러싸고 있다. 말하자면 섬모는 우리의 팔다리와 약간 비슷하다. 하지만 아메바는 그들의 '가짜 발(위족)'로 해저 바닥을 긴다. 세포 표면에 있는 화학 수용체가 장애물을 감지하면, 아메바는 환경에 순응하여 장애물을 피해 간다. 수용체가 독물질을 감지하면, 세포에서 화학 연쇄반응이 생기고, 아메바는 '악의 근원'에서 멀찌감치 물러난다. 나도 아메바처럼 그렇게 품위 있게 살고 싶다. 아메바야, 함께 가자!

단세포 생물에서 다세포 생물로: 녹조류 클라미도모나스

단세포 생물에서 다세포 생물로 가는 문턱에서, 우리는 '클라미도모나스', '유도리나', '볼복스'라는 매혹적인 이름을 가진 작은 생명체들을 만난다. 아마도 녹조류 클라미도모나스가 시작이었을 것이다. 이들은 좁은 민물에서 살고 녹조류답게 광합성으로 '먹고 산다'. 이들은 섬모로 움직이고, 점처럼 생긴 눈이 빛을 감지하여 방향을 잡는 데 도움을 준다. 클라미도모나스 세포는 단순한 분열로 번식하고, 그들의 딸세포는 스스로 자립하여 살 수 있다. 클라미도모나스 세포들은 탄생 뒤에 '세포 다리'를 통해 서로 연락하며 지내고, 세포 군락을 형성한다. 외막 하나가 군락 전체를 둘러싸 모든 세포를 하나로 묶는다. 이렇게 합쳐진 세포 수가 32개 이상이 되면 뭔가 흥미로운 일이 발생한다.

각각의 세포들이 커져서 눈 구실을 하는 점 역시 눈에 띄게 돌출된다. 32개 세포로 구성된 이 군락은 이제 '유도리나'라고 불리고, 이들은 분업을 개시한다. 녹조류 '볼복스'는 세포 1만 개 이상으로 구성되어, 특히 아름다운 군락을 형성한다. 섬모를 가진 세포들이 외막에 둘러싸여 공 모양으로 합쳐지고, 세포 다리를 통해 서로 소통한다. 개별 세포들의 섬모를 움직이는 데도 배의 노를 젓듯이 서로 소통하며 합을 맞춰야 하므로, 수천 개 세포도 의사소통이 시급하게 필요하다. 각자

마음대로 움직이면, 배는 결코 목적지에 도달하지 못한다!

엄밀히 말해 볼복스는 자립적인 개별 세포들이 모인 군락이 아니다. 그들은 이미 명확하게 분업화되었기 때문이다. 볼복스를 구성하는 세포 1만 개 중에서 기껏해야 16개만이 번식을 담당하고 분열한다. 분열로 탄생한 딸세포들이 충분히 커지면, 볼복스가 통째로 깨지고 새로운 세포들이 세상으로 나간다. 이 새로운 세포들은 이제 새로운 볼복스를 형성할 수 있다. 반면, 옛날 볼복스의 나머지 세포들은 그냥 죽는다. 이 작은 볼복스가 다세포 생물의 개별 세포 간의 의사소통이 생명체의 온전한 작동에 얼마나 중요한지 보여준다. 버섯, 식물, 동물 같은 '큰' 다세포 생물을 다루기 전에, 단세포 생물의 의사소통에 귀를 기울이고, 다음의 질문에 답해보자. 세균, 짚신벌레, 아메바들은 온종일 '누구'와 '왜' 정보를 교환할까?

먹고 먹히다

녹조류 클라미도모나스를 우리는 이미 만났다. 만약 이런 단세포 생물이 광합성으로 자급자족할 수 없다면, 다른 생명체에게서 식량을 '조달할 수밖에' 없다. 그래서 다양한 생명체의 가장 근본이 되는 대화주제가 바로 '먹고 먹히는' 문제이다. 도입부에서 다룬 고양이와 지빠귀의 사례에서 보았듯이, 포식자는 종종 먹잇감의 의사소통을 엿듣고, 도청한 정보를 자신에게 유리하게 이용한다.

나는 배가 고프고, 너는 먹잇감이야

세균은 주로 죽은 생명체를 먹고, 그런 방식으로 생명체를 분해하여 원래의 조각으로 돌아가게 한다. 그러면 이런 '조각들'에서 다시 새로운 생명이 생길 수 있다. 이렇듯 수많은 미생물이 자연의 청소부로서 매우 중요한 임무를 수행한다. 죽은 생명체를 먹지 않거나 자체적으로 식량을 생산할 수 없는 생명체는 어디에서 일용할 양식을 얻을 수 있을까?

우리 인간의 경우, 음식이라는 형식의 화학 에너지를 얻는 곳은 이제 마트나 식당 혹은 부엌이 되었다. 이곳에 가면 거의 바로 먹을 수 있게 음식이 준비되어 있고, 음식을 얻기 위해 누군가를 '설득'하지 않아도 된다. 그러나 야생 세계에서는 완전히 다르다. 만약 당신이 야생에서 살아남는 법을 배우기 위해 관련 프로그램에 등록했다면, 당신은 직접 식량을 찾고, 사냥하고, 생명체를 죽일 각오를 해야 한다. 당신은 갑자기 수렵과 채집의 시대로 돌아가, 다음의 질문에 직면하게 된다. 어떤 버섯과 어떤 식물을 먹어도 될까? 어떻게 해야 맹수에게 먹히지 않고 나의 식량을 얻을 수 있을까? 미생물조차도 매일 '먹고

먹히는' 문제를 해결해야 하고, 그것을 위해 정보를 주고받아
야 한다.

뿌리혹박테리아는 혹이 아니라 질소를 퍼트린다

단세포 생물 대부분은 쉽게 식량을 조달한다. 그들은 야생
의 땅과 물을 떠나 다른 생명체 안에 혹은 표면에 기생한다.
그래서 동물의 피부나 신체 부위에는 헤아릴 수 없이 많은
수의 박테리아가 편하게 살고 있다. 예를 들어, 인간의 대장
에는 수많은 대장균(Escherichia coli)이 서식한다. '기생생물'
과 '숙주'는 서로 뭔가를 주고받는다. 만약 기생생물과 숙주
가 서로 다른 종이면, 이런 불평등한 관계를 우리는 공생이라
고 부른다. 우리는 앞에서 두 원핵세포의 평화로운 공동생활
을 다룰 때 이미 이 개념을 만났었다. 공생관계에 있는 두 생
명체의 크기가 다윗과 골리앗만큼 차이가 아주 많이 나면, 더
큰 쪽이 '숙주'이다. 예를 들어, 박테리아는 숙주의 소화를 지
원하거나 신체 구멍으로 균이 침입하지 못하게 방어한다.

우리가 다룰 첫 번째 공생관계에서 숙주는 완두콩, 강낭콩,
개자리풀 등이 속한 콩과식물이다. 콩과식물은 모든 식물과
마찬가지로 초록 잎을 만들고 성장하려면 질소가 필요하다.
비록 공기의 78퍼센트가 질소이지만, 불행히도 식물은 공중
에 떠 있는 질소를 낚아챌 수가 없다. 그러나 수요가 있으면

언제나 시장이 형성되기 마련이다! 뿌리혹박테리아는 공중에서 질소를 낚아채 식물이 이용할 수 있는 형태로 공급할 수 있다. 이 능력은 식물에게 매우 귀중한 서비스이고, 그래서 수많은 식물이 질소 잡는 뿌리혹박테리아와 기꺼이 '거래'한다. 뿌리혹박테리아는 식물에게 질소를 제공하고, 식물은 그 대가로 뿌리혹박테리아 집 앞까지 식량을 배달해준다. 그런데 이런 불평등한 커플은 어떻게 맺어질까?

콩 뿌리는 화학 신호를 보내 뿌리혹박테리아를 자기 쪽으로 유인한다. 박테리아세포가 식물세포와 화학적으로 '일치'해야 비로소 박테리아는 뿌리 안으로 들어가 '편히 자리를 잡을 수' 있다. 박테리아가 뿌리 안으로 들어가면, 뿌리세포는 그것에 반응하여 몸을 구부려 박테리아세포를 감싸 안는다. 이때 이 박테리아의 특징인 혹이 생기고 그래서 이름도 뿌리혹박테리아다. 흥미롭게도, 땅속의 다른 생명체도 뿌리혹박테리아와 콩 뿌리의 동맹을 돕는다.

예쁜꼬마선충(Caenorhabditis elegans)은 전형적인 땅속 거주자로, 특히 박테리아가 그들의 주식이다. 이 선충은 신체 표면에 있는 화학 수용체의 도움으로 넓디넓은 땅속에서도 정확히 자신의 먹이를 찾아낸다. 박테리아가 땅속을 이동하면서 냄새 흔적을 남기기 때문이다. 예쁜꼬마선충은 그저 이 냄새만 따라가면 우글거리는 박테리아 무리를 어김없이 만날 수 있다. 그러나 예쁜꼬마선충은 박테리아의 냄새 물질에만 홀린 듯 이끌리는 게 아니다. '달팽이클로버(Medicago truncatula)'라는 이름을 가진 콩과식물 역시 화학 정보를 보내 예쁜꼬마선충을 유인한다. 그런데 이 달팽이클로버는 뭘 얻으려고 예쁜꼬마선충을 유인할까? 일부 예쁜꼬마선충은 식물의 잎을 갉아 먹거나 심지어 병균을 옮길 수 있어서 일반적으로 이들은 식물 근처에서 특별히 환영받는 손님이 아닌데도 말이다.

그러나 달팽이클로버에게는 예쁜꼬마선충이 아주 유용하다. 예쁜꼬마선충의 식단에는 뿌리혹박테리아도 포함되어 있고, 뿌리혹박테리아는 달팽이클로버의 공생파트너이기 때문이다. 그러니까 이 콩과식물은 분명 뿌리혹박테리아를 찾아내는 예쁜꼬마선충의 후각 능력을 알고 있고, 그것을 자신의 이익을 위해 이용하는 것이다. 그래서 달팽이클로버는 예쁜꼬마선충과 뿌리혹박테리아를 동시에 끌어들이는 화학 전달 물질을 방출한다. 그렇게 달팽이클로버는 예쁜꼬마선충을 뿌리혹박테리아 택배원으로 이용한다. 이때 '택배 전달'은 두 가지 방법으로 이루어진다. 첫 번째 방법은 직접 수령으로, 예쁜꼬마선충의 신체 표면에 붙어 '같이 딸려온' 뿌리혹박테리아를 직접 전달받는다. 두 번째 방법은 예쁜꼬마선충을 말 그대로 관통해서 나온 배설물을 통해 전달받는다. 예쁜꼬마선충은 매우 활발히 소화하여 최적의 경우 45초에 한 번씩(!) 뿌리혹박테리아가 함유된 배설물을 달팽이클로버에게 '전달'한다. 실험실 실험에서 드러났듯이, 소화 과정에도 불구하고 여전히 살아 있는 박테리아가 배설물 안에 충분히 들어 있고, 이제 이들은 달팽이클로버의 뿌리와 공생한다. 달팽이클로버는 정말 영리한 식물인 것 같다.

박테리아가 가위개미의 의사소통을 도울까?

식물만 박테리아와 공생하는 건 아니다. 동물도 여러 면에서 이 작은 기생생물로부터 혜택을 얻는다. 나는 울창한 멕시코 정글에서 박테리아와 개미의 흥미로운 공생을 우연히 마주쳤다.

가위개미(Atta sexdens rubropilosa)는 이름에서 드러나듯이, 입으로 나뭇잎을 잘라 군락지로 가져가 집에서 키우는 곰팡이에게 먹이로 준다. 이 곰팡이는 나중에 가위개미의 먹이가 된다. 그러나 부지런한 가위개미는 자른 나뭇잎만 군락지로 가져가는 게 아니다. 그들의 신체 표면에는 박테리아도 붙어 있다. 박테리아와 가위개미는 공생한다. 박테리아는 가위개미에게 위험한 질병을 일으킬 수 있는 균을 막아준다. 2018년 브라질 상파울루의 과학자들이 발표한 연구결과에 따르면, 이 박테리아는 그때까지 예상했던 것보다 훨씬 더 많이 개미에게 유용했다. 박테리아는 심지어 가위개미들의 의사소통에도 도움을 준다.

가위개미는 땅속에 보금자리를 마련하고 수백만 마리가 집단생활을 한다. 한곳에 모여 사는 수많은 개미는 의사소통을 특히 잘해야 한다. 그래야 '물류 흐름'이 원활하다. 과학자들이 알아낸 바에 따르면, 가위개미는 이런 방대한 의사소통을 위해 세라티아 마르세센스(serratia marcescens)라는 박테리아를 그들의 분비샘에 살게 한다. 이 박테리아들이 냄새 물질을 방출하고, 가위개미는 이것을 내부 의사소통에 이용한다. 이것이 우연일까?

과학자들은 실험실에서 박테리아의 냄새 물질을 체포하여 각각 '독방'에 감금했다. 박테리아가 생산한 냄새 물질은 개미들이 길 표시를 위해 이용하거나 다른 개미의 존재를 알리는 경보로 사용하는 냄새 물질과 화학 구조 면에서 매우 흡사했다. 박테리아는 확실히 개미굴 내부의 화학적 의사소통을 지원한다. 두 공생 파트너가 처음에 서로를 발견할 수 있었던 것도 자유롭게 살던 박테리아가 방출한 냄새 물질 때문이었다. 개미들은 박테리아의 냄새 흔적을 동료의 것으로 착각하고 냄새의 근원지로 간다. 그리고 평생의 우정이 시작된다!

짚신벌레의 반격

짚신벌레 같은 단세포 생물은 수많은 생명체의 식단에서 가장 위에 있다. 그러나 그들 역시 앉은 자리에서 순순히 잡아먹히지 않기 위해 전략을 마련해두었다. 짚신벌레의 천적은 자기도 모르게 '살해 의도'를 들키고 만다. 그들이 화학 정보를 전송하기 때문이다. 짚신벌레의 표면에는 천적의 화학 정보를 감지하는 수용체가 있다. 그래서 이 단세포 생물은 천

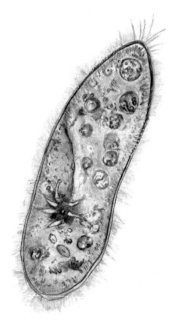

단세포 생물 짚신벌레는 세포 표면에 있는 화학 수용체로 주변의 정보를 수신하고 그것에 반응한다.

적의 냄새 분자가 수용체에 닿자마자 즉시 반응할 수 있다. 짚신벌레는 예를 들어 코벌레의 등장을 감지하면 그에 대한 반응으로 '트리코시스트(Trichocyst)'라는 화살을 쏜다. 다른 단세포 생물도 이런 화살을 표면에 수천 개씩 갖고 있다. 이 화살은 주로 뾰족하게 깎은 당근처럼 생겼는데, 기계적, 화학적 혹은 전기적 자극에 반응하여 발사된다. 짚신벌레는 이런 종류의 '화살 무기'로 자신을 방어할 뿐 아니라 식량 조달을 위한 사냥에도 유용하게 쓴다. 트리코시스트는 일회용이라 일단 발사되면 다시 사용할 수 없다. 만약 짚신벌레가 공격자를 너무 늦게 발견하여 이미 맞닥뜨린 상황이라면, 유턴과 후퇴를 위해 이 화살을 발사한다. 이런 탈출 전략은 짚신벌레에게 시간을 벌어준다. 어떤 섬모충은 천적의 등장에 모양을 바꾸는 것으로 반응한다. 그들은 어떻게든 포식자의 식욕을 떨어트리는 모양으로 변신한다. 맛있는 먹이가 갑자기 먹을 수 없는 덩어리로 변하는 것이다.

박테리아가 박테리아에게

박테리아처럼 세포가 하나뿐인 생명체는 아주 빠르게 증식하기 때문에 지구에 수없이 많다. 그들은 섹스 없이 번식한다. 박테리아는 번식에 필요한 모든 것을 스스로 조달하기 때문에 다른 세포가 필요치 않고 그래서 성별도 필요 없다. 그럼에도 박테리아를 다루면서 성별 얘기를 해야 하는 타당한 이유는 다음 장에서 알게 될 것이다.

무성 생식: 두 배로 늘리고 중간에 벽을 세우면 끝!

대장균은 실험실에서 최적의 조건일 때 20분에 한 번씩 분열하여 두 배가 된다. 20분의 과정을 3~5초에 이해할 수 있게 아주 짧게 요약할 수 있다.

"세포성분을 배로 늘리고, 중간에 벽을 세운다. 끝!"

이런 세포분열의 결과로 완전히 똑같은 딸세포들이 생기고, 이들은 모세포와 똑같은 설계도를 가진다. 와충류 같은 몇몇 단순한 구조의 동물과 식물도 분열을 통해 증식할 수 있다. 이런 분열은 말 그대로 사방으로 진행될 수 있다. 예를 들어, 아메바는 정해진 축 없이 분열한다. 또한 세포 하나가 여럿으로 분열하여 수많은 단세포 생물로 흩어질 수 있다. 앞에서 배운 것처럼, 세포에는 세포핵이 있는 세포와 없는 세포가 있다. 핵이 있는 진핵세포는 증식을 위해 세포핵 역시 나눠야 한다. 그래야 모든 딸세포가 각자 세포핵을 가지고 세상에 나갈 수 있다. 이런 세포핵 분열을 '유사분열(Mitose)'이라 부른다. 진핵세포는 유사분열 덕에 성장할 수 있고, 진핵세포를

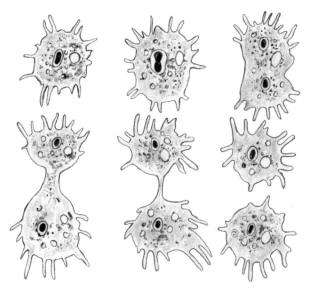

아메바 같은 단세포 생물은 무성생식으로 자기 자신을 둘로 나눠서 증식한다. 모세포 하나에서 유전적으로 똑같은 딸세포들이 생겨난다(좌측 상단에서 우측 하단 순으로 분열한다).
[F. E. Schulze: 한슈타인(Hanstein) 『동물 생물학(Biologie der Tiere)』. Verlag Quelle & Meyer, Leipzig(1913)에서 재인용]

가진 다세포 생물 내부에서 유사분열을 통해 끊임없이 갱신할 수 있다. 그러나 당신과 나처럼 진정한 다세포 생물은 번식을 위해 기본적으로 섹스를 통한 생식, 즉 유성생식이 필요하다. 이것에 관해서는 뒤에서 자세히 얘기하기로 하자.

작동하는 시스템은 바꾸지 마라

무성생식으로 증식하는 생명체는 자신이 엄마와 일란성 쌍둥이처럼 똑같은 것에 신경 쓰지 않는 것 같다. 그들은 다음의 모토를 충실히 따르며 산다.

"작동하는 시스템은 바꾸지 마라."*

내가 이 모토를 인용한 이유가 궁금하다면, 당신의 장에 사는 박테리아의 사례를 보라. 당신의 장은 언제나 쾌적한 36.5도를 유지하여 안정적인 기후조건을 마련한다. 엄마 대장균이 본연의 설계도를 가지고 이런 환경에서 무사히 생존하면, 똑같은 설계도를 가진 딸세포 역시 무사히 생존한다. 단, 그렇게 하기 위해서는 생활환경이 바뀌어선 안 된다. 만약 당신이 항생제를 복용한다면, 장 환경은 손바닥 뒤집히듯 금세 바뀐다. 박테리아 자손들이 모두 똑같으므로, 바뀐 환경에서 전멸할 확률이 매우 높다. 다만 다행인지 불행인지, 세포분열이 항상 정확하게 진행되지는 않고, 그래서 설계도 복제에서 이따금 실수가 발생한다. 그런 실수를 '변이(Mutation)'라고 부른다. 세포의 '설계도'에서 글자 하나, 단어 하나 혹은 문장 하나가 통째로

---

* "Never change a running system." 이 영어 표현은 사실 독일어권에서만 사용되는 관용어구로, 영어 원어민은 사용하지 않는다. 이것은 "Never change a winning team."이라는 문장에서 유래했다. 이 인용구는 원래 영국 축구 감독 앨프 램지(Alf Ramsey)가 한 말로, "이기는 팀은 절대 바꾸지 마라"는 뜻이다.

바뀌면, 딸세포는 더는 모세포와 똑같지 않다. 만약 설계도의 이런 변이가 오히려 장점으로 작용하면, 이 단세포 생물에게는 구원일 수 있다. 그러나 유익한 변이가 우연히 등장하기까지는 수백만 년이 걸릴 수 있다.

박테리아는 모여 산다

대장균 같은 박테리아는 자손의 개별성을 확실히 높이는 방법을 개발했다. 그들은 DNA 설계도를 동료들과 교환한다! 몸에 달린 실 모양의 작은 털만 있으면 설계도를 교환할 수 있다. 이 작은 털을 '성선모(Sex Pilus)'라고 부른다. 나는 이 모든 것을 공상과학영화의 우주선 도킹 장면으로 상상한다. 박테리아 우주에서 두 '우주선'이 포개지고, 각자 자신의 성선모를 뻗어 우주선 설계도를 서로 교환한다. 다른 박테리아를 찾아 설계도를 '교환하려면' 의사소통 능력이 어느 정도 필요하다. 이때 화학 정보가 중요한 구실을 한다. 그러나 박테리아의 의사소통에서 그것이 전부일까?

일본의 연구진은 박테리아가 청각 정보에도 반응하는지 그리고 어쩌면 동료와 소통하기 위해 직접 소리를 이용하는지 알아내고자 했다. 그들은 실험실에서 작은 샬레에 바실러스 카보니필러스(Bacillus carboniphilus) 박테리아를 배양했다. 이 박테리아들은 실험실 조건에서 금세 군락을 이루었다. 이들의 군락에는 수많은 세포가 빽빽이 모여 느슨한 동맹 속에 살았다. 연구진은 박테리아 군락에 다양한 주파수의 소리를 들려주었고, 적잖이 놀랐다. 이 박테리아들은 6~10킬로헤르츠, 18~22킬로헤르츠, 28~38킬로헤르츠의 영역에 반응하여 분열하기 시작했고, 당연히 군락이 더 커졌다. 더욱 놀랍게도 고초균(Bacillus subtilis)은 스스로 이런 주파수로 청각 정보를 발신하고, 그것이 실험실에서도 바실러스 카보니필러스를 '운집하게' 했다. 그저 우연일까? 연구진의 추측에 따르면, 이 박테리아는 청각 신호를 이용해 이웃의 세포분열을 자극한다. 그러니까 미생물의 현재 환경 조건이 바뀌어 '스트레스'가 늘면, 세포분열을 많이 하는 것이 특히 더 유용하다. 세포분열을 많이 할수록 우연히 약간 다른 설계도를 가진 자손이 나올 확률이 높아지기 때문이다. 이것은 살아 있는 모든 생명체가 정보를 주고받아 의사소통한다는 또 다른 증거이다!

4장

다세포 생물: 버섯과 식물의 언어

고요한 숲

오늘 그곳, 숲에 갔어요,

고요했지요, 아, 너무나 너무나 고요했어요,

너무 고요해서

가슴에 손을 얹고

아, 여기는 정말 고요하구나, 말할 때

나도 모르게 작게 속삭였지요.

－크리스티안 모르겐슈테른(Christian Morgenstern)

내 방 바로 뒤에 숲이 있다. 너도밤나무, 참나무, 단풍나무
가 어우러져 사는 숲. 잠깐 산책을 다녀오면 어떨까? 완연한

봄이다. 너도밤나무의 작은 잎들이 강렬한 녹색으로 숲을 물들인다. 발밑에는 이끼가 두껍게 덮였고 향긋한 명이나물 향이 공기를 채운다. 크리스티안 모르겐슈테른의 시와 달리, 숲은 처음 '귀 기울여 들을 때' 느껴지는 것만큼 그렇게 고요하지 않다. 바람이 나뭇잎을 살랑살랑 흔들어 사라락 소리를 내고, 빗방울이 꽃잎을 적시며 토독토독 소리를 낸다. 그뿐만이 아니다. 식물도 주변의 단세포 생물, 버섯 혹은 동물들과 정확히 정보를 주고받는다. 이 장에서는 우리 주변의 녹색 생명체가 매일 사용하는 의사소통 전략에 관해 알아보기로 하자.

식물의 전형적인 특징

수백만 년 전에 물속의 해조류는 물 밖에서도 생존할 수 있는 육지 식물로 발달했다. 그들은 생존에 꼭 필요했던 물을 떠났고, 육지에서 살기 위해 뿌리, 줄기, 잎 같은 운송시스템을 구축했다. 식물의 표면에는 주변 정보를 늘 수신하는 수용체가 있다. 식물은 수용체에 수신된 정보를 근거로 늘 새롭게 재정비하며 성장하여 생존에 필요한 모든 것을 스스로 마련한다.

이끼와 풀뿐 아니라 나무들도 식물의 전형적인 특징을 공유한다. 식물의 전형적인 특징은 부동성, 광합성, 견고한 세포벽이다. 육지 식물은 이동하지 않고, 이끼를 제외한(이끼에는 뿌리 비슷한 세포만 있다) 모든 식물은 뿌리로 바닥에 고정되어 있다. 식물은 태양에너지, 이산화탄소, 물, 광물질을 원료로 직접 식량을 생산한다. 동물과 버섯은 광합성 능력이 없으므로 화학 에너지를 얻기 위해 다른 생명체에 의존한다. 모든 식물세포는 세포막 이외에 추가로 세포벽을 하나 더 가졌다. 이 세포벽은 세포를 안정적으로 지탱하고 수분이 주변으로 과도하게 빠져나가지 못하게 막아준다. 식물세포는 버섯과 동물처럼 역시 '진핵세포'이고 그래서 진짜 세포핵을 가졌다.

식물 왕국 산책

모든 식물이 뿌리와 잎 그리고 줄기(나무의 굵은 몸통 혹은 연약한 풀의 가느다란 줄기)를 가진 건 아니다. 예를 들어, '이끼'는 상대적으로 단순한 육지 식물로, '큰' 육지 식물처럼 땅에 자신을 고정할 수 있는 뿌리가 아직 없다. 이끼는 대개 겨우 몇 센티미터 크기로 바닥에 바싹 붙어서 자라고, '헛뿌리'라 불리는 뿌리 비슷한 세포들로 몸을 지탱한다. 이끼는 생식을 위해 습한 환경이 필요한데, 그들은 표면 전체로 습한 환경에서 필요한 모든 양분을 섭취한다. 종자식물, 양치식물, 석송과 식물은 이끼가 아직 갖지 못한 것을 가졌다. 물을 운반하는 진짜 운송시스템과 그 안에 녹아 있는 양분! 이런 육지 식물들은 뿌리, 줄기, 잎의 수송관을 이용해 물에 녹아 있는 양분을

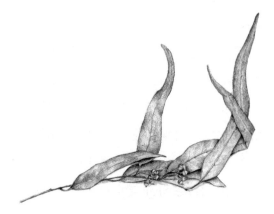

식물의 전형적인 특징은 부동성, 광합성, 견고한 세포벽이다.
상록수인 녹나무(Cinnamomum camphora)의 가지.

땅속에서 아주 높은 곳까지 운송할 수 있다. 그래서 이들을
'관다발식물'이라 부르기도 한다.

나는 캐나다 서해안에서 이 수송관이 얼마나 높은 곳까지
수분과 양분을 운송할 수 있는지, 직접 확인하고 감탄할 수
있었다. 나는 밴쿠버섬에 있는 맥밀란 주립공원에서 몇 주를
보냈다. 그곳에는 '커씨드럴 그로브(Cathedral Grove)'라 불리
는 넓은 숲 지대가 있는데, 이것은 대략 '대성당의 숲'이라는
뜻이다. 이런 이름이 괜히 붙은 게 아니다. 이곳에는 800살 넘
은 오래된 미송나무들이 목조 대성당처럼 파란 하늘을 향해
최대 75미터 높이까지 우뚝 솟아 있기 때문이다. 어떤 거목의

몸통 둘레는 약 9미터에 달하기도 한다!

아무튼, 미송나무는 전나무, 가문비나무 혹은 소나무처럼 소나무과에 속한다. 소나무과는 다시 겉씨식물에 속하고, 꽃을 피우는 꽃식물은 속씨식물에 속한다. 겉씨와 속씨가 무엇이고 그 차이점은 무엇인지에 관해서는 나중에 자세히 살펴보기로 하자. 지금은 잠시 숲에 머물면서 다음의 질문에 몰두해 보자.

"먹어도 될까, 아니면 독이 들었을까?"

버섯: 동물도 아니고 식물도 아니다

풍기 피자를 주문하면 어떤 피자가 나올지 명확하다. 그렇다, 바로 양송이버섯이 올라간 피자가 나온다. 실제로 '풍기(Fungi)'는 '진짜' 버섯을 지칭할 때 사용하는 학술용어이다. 스웨덴 식물학자 칼 폰 린네(Carl von Linné) 같은 자연학자들은 처음에 자연을 식물과 동물로 양분했다. 그들은 오랫동안 버섯을 어디로 보내야 할지 제대로 알지 못했다(이 생명체를 심지어 광물로 분류했을 때도 있었다). 자연학자들은 20세기 후반까지 버섯을 식물로 분류했는데, 특히 버섯의 부동성은 그 근거로 충분했다. 이동하지 않는 생명체가 동물일 리가 없지 않겠는가! 생화학과 유전학의 발달로 우리는 점차 자연의 다양성을 새롭게 알게 되었다. 현재 우리는 버섯이 동물도 식물도 아닌 고유한 왕국에 속한다는 것을 안다. 버섯은 비록 식물처럼 견고한 세포벽을 가졌지만, 몇몇 특징으로 볼 때 오히려 동물과 더 가까운 친척이다.

버섯에는 동물만 가졌다고 알려진 '키틴'이라는 물질이 있다. 키틴은 아주 단단한 질소함유 물질로, 무엇보다 곤충들에게 단단한 방패를 제공한다. 키틴은 동물의 신체 구조를 든든하게 지탱할 뿐 아니라, 버섯 역시 안전하게 '품어'준다. 버섯은 가느다란 실을 닮은 '균사'로 이루어져 있는데, 이 균사는 땅속에서 여러 갈래로 뻗어 도시의 도로망처럼 퍼져 있다. 적당한 조건과 양분이 공급되는 한, 균사의 그물 조직은 이론상으로 무한정 성장할 수 있다. 그래서 균사 그물망은 막대한 규모를 자랑한다.

우리는 책 앞부분에서 조개뽕나무버섯을 이미 만났다. 이 버섯의 땅속 균사 그물망은 미국 국립공원 수백 헥타르를 덮고 있다. 독일에서는 이 버섯을 '할임아쉬(Hallimasch)'라고도 부르는데, 이것은 'Hall im Arsch(엉덩이에 있는 넓은 방)', 즉 항문을 뜻한다. 이런 별칭이 붙은 데는 물론 이 버섯의 치질 완화 효과 때문만은 아닐 테지만, 아무튼 이 버섯을 우린 물은 치질 증상을 빠르게 완화하여 'Hall(넓은 방)'을 'Heil(치유)'로 바꾼다.

우리가 기꺼이 버섯이라고 부르며 맛있게 먹는 것은 버섯

전체가 아니라 열매 부분에 불과하다. 갓과 자루로 이루어진 이 열매 부분을 '자실체'라고 부른다. '버섯'의 본체는 땅속에 있는 균사체이다. '담자균'이라 불리는 이른바 고등 버섯의 열매 부분(자실체)은 균사가 어떻게 얽히냐에 따라 공처럼 동그란 버섯부터 우산 모양까지 아주 다양한 형태를 띤다. 식물과 버섯을 잠시 살펴봤으니, 이제 이들의 의사소통을 더 자세히 알아볼 시간이 되었다. 당신은 단세포 생물, 버섯, 식물 그리고 동물의 '대화 주제'가 기본적으로 똑같다는 것을 확인하게 될 것이다.

맛보기로 조금만!

식물은 기본적으로 광합성을 통해 양분을 넉넉히 생산할 수 있으므로, 사실 사냥을 할 이유가 전혀 없다. 그러나 육식을 즐기고 심지어 생존을 위해 여분의 단백질이 꼭 필요한 몇몇 예외적인 식물도 있다. 한편, 버섯은 다른 생명체에 기생하는 것 외에는 다른 선택지가 없다. 여러 단세포 생물과 비슷하게 버섯 역시 주로 죽은 '먹이'에서 양분을 얻는다. 버섯은 숲의 바닥에서 나뭇잎, 나뭇가지, 심지어 나무줄기까지 분해한다. 털곰팡이(Mucor mucedo)는 특히 빵을 좋아하지만, 잘 익은 과일이나 동물의 똥을 선호하는 버섯도 있다. 저마다 취향이 있고, 각자의 취향은 존중해줘야 마땅하다! 구멍장이버섯 혹은 말굽버섯은 살아 있는 유기체 표면에서 기생생물로 '산다'. 그들은 기생생물답게 아주 잘 빼앗지만, 주는 것은 서툴다. 그들은 균사를 뻗어 식물세포에 침투하여 식물이 생산한 양분을 빨아먹고, 그 대가로 식물에게 아무것도 주지 않는다. 이 주제에 본격적으로 진입하기 전에, 나는 당신을 영화관에 먼저 데려가고자 한다. 내가 당신에게 보여주고 싶은 탐욕스러운 식물에 관한 영화가 그곳에 있다.

꽃가게의 흡혈식물

나는 옛날 영화를 좋아한다. 그래서인지 먹고 먹히는 주제에서, 프랭크 오즈(Frank Oz)의 〈흡혈식물 대소동(Little Shop of Horrors)〉이 바로 떠올랐다. 1986년 작품인 이 영화는 미국의 한 꽃가게에 있는 기이한 식물을 다룬다. 이 꽃가게는 이미 오래전부터 적자였고, 파산 위기에서 벗어나기 위해 가게 주인인 미스터 무쉬닉과 점원 오드리와 시모아는 뭔가를 고안해내야만 했다. 아주 이국적인 식물이 이 꽃가게에 새바람을 일으키고 다시 많은 고객을 끌어모을 것처럼 보였다. 계획이 시작되었고, 창가에 둔 기이한 식물이 정말로 미스터 무쉬닉의 꽃가게를 다시 번창하게 했다. 그러나 행복은 오래 가지 못했다. 오드리2(기이한 식물의 이름이 그랬다)의 잎이 시들시들 기운을 잃어갔다. 시모아는 사장이 애지중지 아끼는 식물을 살뜰히 보살피지만, 물도 비료도 소용이 없다. 오드리2가 좋아하는 것은 딱 하나다. 바로 피! 일용할 양식으로 피를 주면 식물은 다시 활짝 살아나지만, 점점 더 많은 피를 요구하는 식물의 탐욕은 끝이 없다. 오드리2가 상점과 사장과 점원을 좌지우지한다.

미국 영화계에서 나온 공상과학영화에 불과할까? 절대 그렇지 않다! 다소 과장되긴 했지만, 영화가 보여준 것은 육식 식물의 일상이다. 벌레를 잡아먹는 탐욕스러운 식물은 늪지, 모래밭, 돌밭처럼 척박한 환경에 주로 산다. 이런 환경에서는 단세포 생물, 곤충, 심지어 작은 포유동물이 매우 중요한 식량이다. 잘 알려졌듯이, 필요가 창조를 낳는다. 그래서 육식 식물은 먹이를 끝장내기 위한 온갖 종류의 '사냥도구'를 갖추고 있다. 대다수 육식동물은 근력의 도움으로 먹잇감을 찾고, 필요하다면 추적할 수도 있다. 그러나 땅에 뿌리를 박고 사는 식물이 어떻게 매일 하루 분량의 고기를 얻을까? 집에서 나가기 싫거나 나갈 수 없는데, 그럼에도 음식이 필요하다면 당신은 어떻게 하겠는가? 나처럼 배달업체 서비스 지역이 아닌 시골에 살지 않는 한, 당신은 좋아하는 음식을 집으로 배달시킬 것이다. 배달 주문을 하려면, 당신이 먹고 싶은 음식 이름과 배달할 주소 등 몇 가지 정보만 있으면 된다.

끈끈이주걱 이야기

육식식물은 살아 있는 먹이에게 곧바로 배달을 주문한다. 에두르지 않고 단도직입적으로 정보를 전달하고 종종 하루 24시간 내내 주문한다! 육식식물의 배달 주문이 어떻게 이루어지는지를 두 가지 사례로 설명하겠다. 첫 번째 사례를 위해 내 고향 근처에 있는 호수로 가자. 그 호수는 '악마호수'라는 아주 인상적인 이름을 가졌다. 악마호수는 숲 한복판에 있는데, 주로 안개에 휩싸여 있다. 이 호수와 관련된 으스스한 이야기들이 전해지는데, 이곳에서 밤의 악마가 마녀를 만나 방탕한 파티를 연다는 것이다. 육식식물이 살기에 이보다 더 좋은 장소가 있을까? 나는 당신을 이 호수로 안내하고자 한다. 부디 조심조심 천천히 발을 옮기길 바란다. 겨우 몇 센티미터에 불과한 둥근 잎을 가진 끈끈이주걱(Drosera rotundifolia)은 눈에 잘 띄지 않아 못 보고 지나치기 쉽다. 전혀 위험할 것 같지 않은 순박한 이름에 속으면 안 된다. 이 식물은 늪지에서 먹잇감을 기다리고 있기 때문이다.

끈끈이주걱의 잎에는 수많은 분비샘이 있고, 여기에서 끈끈한 분비물이 나온다. 그래서 끈끈이주걱이라는 이름이 지어졌다. 끈끈한 분비물에 햇살이 닿으면 마치 이슬방울처럼 빛나는데, 이 빛이 곤충들을 끌어들인다. 곤충들은 끈적한 방울에 내려앉자마자 거기에 달라붙어 꼼짝하지 못한다. 이 분비물은 순간접착제처럼 강력해서, 곤충의 다리가 단 한 개라도 끈끈한 표면에 닿는 순간, 때는 이미 늦었다. 그들은 단백질이 풍부한 곤충요리로 생을 마감하게 된다. 그 뒤에 벌어지는 일은 공포영화와 맞먹는다. 끈끈이주걱의 잎 하나가 천천히 먹잇감 주변으로 말려 올라오고, 희생자는 그 안에서 완전히 소화되어 흔적 없이 사라진다. 그리고 잎은 다시 펼쳐진다.

죽음을 부르는 주전자

남아메리카의 우거진 열대우림에서도 극적인 일이 벌어진다. 이곳은 주전자풀 혹은 벌레잡이풀이라 불리는 육식식물의 고향이다. 이름이 말해주듯이, 이 열대 식물은 주전자처럼 생겼다. 잎이 주전자 모양을 만들고, 이 주전자 안에는 일반적으로 소화액이 들어 있다. 살아 있는 먹잇감이 주전자에 빠져 익사하면 소화액이 임무를 수행한다. 이 벌레잡이풀은 다양한 방식으로 먹잇감을 죽음의 함정으로 유인한다. 그들은 우선 시각적 매력에서 뒤지지 않고, 주전자 입구의 테두리에서는 청각 정보가 전송된다. 곤충들은 이 소리를 듣고 주전자 입구 쪽으로 말 그대로 '날아든다'.

주전자 입구 테두리는 잎의 나머지 부분과 다른 파장의 빛을 반사하고, 그래서 시각적으로 명확히 눈에 띈다. 주전자 입구의 이런 '빛 광고'에는 나름의 필살기가 있다. 일반적으로 꽃은 꽃꿀을 갖고 있지만, 주전자풀은 칵테일 잔 테두리에 하듯이 주전자 테두리에 달콤한 즙을 발라두었다. 어떤 주전 자풀은 달콤한 즙과 심지어 주전자 속 소화액에도 곤충이 거 부할 수 없는 향수를 뿌려둔다. 곤충들은 이 향에 이끌려 직 접 주전자풀을 방문하여 먹잇감이 된다. 달콤한 즙은 주전자 풀을 위해 곤충 유인 이외에 또 다른 임무를 수행한다.

　주전자 입구 테두리에 있는 세포들은 서로 겹쳐져 작은 계 단을 형성한다. 이 계단은 주전자 안쪽으로 안내한다. 이 계 단에 달콤한 즙을 골고루 바르면, 주전자 입구 테두리는 독특 한 미끄럼틀이 된다. 달콤한 즙이 발라진 계단이 빗물에 젖으 면, 자동차 타이어와 빗길 사이에 생기는 수막현상과 거의 똑 같은 일이 벌어진다. 노면에 형성된 수막은 타이어가 바닥에 붙지 못하게 하고 그래서 자동차는 미끄러진다. 곤충의 다리 도 이런 수막현상으로 벌레잡이풀에서 미끄러진다. 벌레잡이 풀이 달콤한 미끼로 먹잇감을 유인하여 미끄럼틀에 앉히자마 자, 게임은 끝이다. 달콤한 길은 일방통행로이고 곧장 주전자 깊숙한 곳으로 안내한다. 주전자 안에 도달하면 제아무리 유 명한 산악인 라인홀트 메스너(Reinhold Messner)라 할지라도 다시 기어오르지 못한다. 주전자 내벽 역시 너무 미끄러워서 곤충의 다리로 붙잡을 수가 없기 때문이다. 게다가 주전자 뚜껑이 입구를 막아버려, 먹잇감이 미끄러운 벽을 기어코 기어오르더라도 밖으로 도망칠 수 없다.

이런 열대 육식식물은 먹잇감 소화를 위한 최고의 장비를 갖추었다. 그들은 사냥을 위해 산성액과 소화효소로 구성된 치명적인 칵테일을 최대 2리터까지 넉넉하게 준비해 두었다. 주전자 안에 떠 있는 고기 건더기는 왕개미(Camponotus schmitzi) 같은 또 다른 손님들을 초대하는 풍성한 식탁이다. 왕개미는 주전자풀의 일종인 네펜데스 비칼카라타(Nepenthes bicalcarata)의 미끄러운 표면에서 미끄러지지 않고 걸을 수 있다. 또한 벌레잡이풀의 소화액에서 헤엄쳐도 멀쩡하게 살아 있고, 최대 30초를 잠수할 수 있다. 왕개미에게 주전자 안은 '게으름뱅이의 천국'과 같다. 주전자풀이 소화할 수 있는 것보다 훨씬 더 많은 곤충이 주전자에 빠지기 때문이다. 그러나 왕개미는 먹이를 까다롭게 고른다. 육식성 노린재, 바퀴벌레 혹은 다른 개미처럼 특히 큰 곤충들만 노린다. 왕개미는 선택한 먹이를 주전자 입구 테두리에서 최대 5센티미터 떨어진 곳으로 옮긴다. 이때 먹이가 너무 커서 혼자 옮길 수 없으면 협동해서 옮긴다. 왕개미는 그곳에서 느긋하게 먹고, 찌꺼기는 다시 주전자풀의 소화액에 버린다.

주전자풀은 왕개미에게 믿음직한 음식 배달부 그 이상이

다. 네펜데스 비칼카라타의 텅 빈 덩굴손은 왕개미에게 안전한 둥지도 제공한다. 그렇다면 주전자풀은 그들의 음식을 훔쳐먹는 왕개미 세입자로부터 무엇을 얻을까? 왕개미는 자신의 처지를 잘 알고, 전형적인 공생 방식으로 집주인에게 서비스를 제공한다. 그들은 집주인을 위해 청소하고 정리한다! 먹지 않고 남긴 음식 찌꺼기를 그냥 두면 무슨 일이 일어나는지, 아마 당신은 직접 체험했을 터이다. 그렇다, 그것은 썩기 시작하고 악취를 풍긴다. 왕개미의 정기적인 청소 활동 덕분에 이런 부패과정이 선을 넘지 않는다. 케임브리지대학 생물학자들이 실험에서 알아냈듯이, 왕개미가 사는 주전자풀은 왕개미세입자가 없는 주전자풀보다 먹잇감을 거의 두 배나 더 많이 잡는다. 그 까닭은 무엇보다 왕개미들이 주전자 입구 테두리에 남은 죽은 곤충의 잔해나 다른 오물을 청소해주어, 주전자풀의 '수막 기능'이 정상으로 작동할 수 있기 때문이다.

주전자풀은 식물과 동물의 상호작용에 대한 가장 매력적인 사례이므로, 잠시만 더 주전자풀에 머물자. 주전자풀의 일종인 네펜데스 라자(Nepenthes Rajah)는 인도네시아 보르네오섬에만 살고, 육식식물 중에서 특히 흥미로운 표본이다. 프랑크푸르트의 젠켄베르크 생물 다양성 및 기후 연구소가 413.5시간 분량의 동영상 자료를 제작할 만큼 흥미로운 풀이다. 연구진은 보르네오섬의 우림에 사는 '크게 자란' 주전자풀 42개를

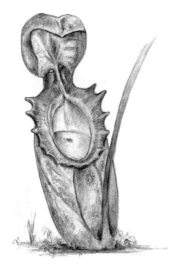

남아메리카의 우림에 사는 주전자풀 (벌레잡이풀)은 육식식물이다. 주전자풀의 잎이 주전자 모양을 만들고 그 안에는 곤충을 소화할 수 있는 액체가 있다. 먹잇감이 주전자 입구 테두리에서 미끄러져 주전자 안에 빠지면, 다시는 주전자에서 나가지 못한다.

촬영했고, 작은 포유동물이 정기적으로 이 식물을 방문하는 모습을 영상에서 보고 적잖이 놀랐다. 산지나무두더지 혹은 곰쥐가 평균적으로 네 시간에 한 번꼴로 이 풀에 접근했다. 두더지와 쥐는 주전자풀에서 무엇을 얻으려는 걸까? 혹은 다르게 물으면, 이 풀의 무엇이 (꼬리를 제외하고도) 최대 20센티미터나 되는 포유동물을 매혹하는 걸까? 어떤 주전자풀에는 실제로 죽은 산지나무두더지가 있었다. 연구진은 동영상 촬영에 만족하지 않았다. 그들은 식물이 방출하는 냄새 물질을 실험실에서 자세히 조사했고, 주전자풀의 뚜껑에서 샘플을 채취했다. 그들은 44개 이상의 다양한 냄새 성분을 찾아낼 수 있

었다! 이런 냄새 성분의 혼합물은 달콤한 열매와 향긋한 꽃 중
간쯤 되고 작은 포유동물의 화학 수용체와 정확히 맞는 냄새
를 만들어낸다. 그뿐이 아니다. 연구진은 산지나무두더지와
곰쥐가 그들의 급한 용무를 주전자풀에서 자주 해결하는 것
을 목격했다. 이들의 똥과 오줌은 다시 파리와 모기들을 끌어
들인다. 그러니까 주전자풀은 주로 곤충을 잡아먹고, 소화하
기가 훨씬 더 어려운 산지나무두더지는 피치 못할 사정이 있
을 때만 먹는 것 같다. 그러나 인도네시아 우림에 어떤 비밀이
감춰져 있을지 누가 알겠는가!

버섯은 땅속에 덫을 놓는다

신기한 이야기는 이제 땅속 깊은 왕국에서 계속 이어진다.
이 이야기를 처음 들었을 때 나는 도저히 믿을 수가 없었다.
어둡고 고요한 땅속 깊은 곳에 매우 불평등한 의사소통 커플
이 산다. 그들은 바로 버섯과 선충이다. 둘의 대화 주제 역시
'먹이'와 관련이 있지만, 장담하건대, 당신은 그들의 의사소
통 방식에 충격을 받게 될 것이다! 정보 발신자를 포식자로
만드는 것은 여기에서도 식량 부족이다. 그리고 미리 귀띔해
주는데, 여기에서 상대를 잡아먹는 포식자는 선충이 아니다!
선충을 먹잇감으로 사냥하는 버섯 종은 최소 160개나 된다.
그런데 버섯이 어떻게 벌레를 잡아먹을까?

버섯을 구성하는 균사세포를 떠올려보라. 어떤 버섯은 이런 균사로 올가미 덫을 '놓는다'. 이 덫은 땅속에서 일종의 차이니즈 핑거 트랩*처럼 작동한다. 균사는 땅속에 느슨하게 퍼져 있지만, 아무것도 모르는 선충이 안으로 들어오자마자 올가미 실이 바짝 조여진다. 버섯의 세포벽이 버둥대는 희생자를 올가미처럼 더욱 옥죈다. 물론, 주의를 기울이지 않고 스스로 올가미로 들어간 선충이 잘못한 것일 수 있다. 그러나 살선충버섯(Arthrobotrys dactyloides)이 근처에 있으면, 파나그렐루스 레디비부스(Panagrellus redivivus)라는 선충은 스스로 올가미로 들어갈 수밖에 없다. 살선충버섯은 냄새를 방출하는 최소 23종 버섯 중 하나이다. 그들이 방출하는 냄새 물질은 선충의 행동을 조종하여 곧장 올가미로 끌어들인다!

균근: 버섯과 식물의 우정

식물과 버섯의 식량 확보는 익사와 질식사로 끝나지 않아도 된다. 다른 두 종의 평화로운 관계, 즉 '공생'이 여기에도 있다. 가장 유명한 '러브스토리'는 버섯과 식물의 이야기이고, 이 이야기의 제목은 '균근(Mykorrhiza)'이다. 연구에 따르

---

*Chinese finger trap. 대나무로 엮은 통이 좁은 실린더 형태의 놀이기구로, 양쪽에 손가락을 집어넣으면 다시 빼지 못하는 손가락 올가미이다 – 옮긴이.

면, 육지 식물의 80퍼센트 이상이 버섯과 물물교환을 하고, 이런 동맹은 이미 1억 2000만 년째 이어져 왔다. 버섯과 식물의 공생 형태에 따라 '외생균근(ectomycorrhiza)'과 '내생균근(Endomycorrhiza)'으로 분류된다.

외생균근 형태에서는 버섯이 균사로 식물파트너의 뿌리세포 주위를 두껍게 감싸고, 일부는 세포들 사이로 파고든다. 뿌리세포 사이로 파고든 균사망을 '하르티히 망(Hartig Net)'이라고 부른다. 외생균근 형태로 공생하는 버섯은 대개 광대버섯이나 그물버섯 같은 자실체 버섯으로, 소나무나 참나무 같은 나무들과 공생한다. 반면 내생균근 형태는 버섯과 난초 사이에 더 빈번하게 등장한다. 여기에서는 버섯의 균사가 식물의 뿌리세포 내부까지 침투하여 타원형 구조를 형성한다. 이제 물물교환이 이루어진다. 식물은 버섯에게 양분을 제공하고, 그 대가로 버섯은 식물파트너가 토양에서 물과 양분을 섭취하도록 돕는다. 버섯은 가느다란 균사로 뿌리 표면을 넓혀준다. 버섯은 특히 '스트레스가 많은 어려운 시기'에 식물의 믿음직한 파트너가 되어준다. 버섯 덕분에 식물은 가뭄을 더 잘 견디고 해충을 이겨내는 저항력도 높일 수 있기 때문이다.

버섯은 심지어 식물을 독으로부터 보호해준다. 버섯은 작은 분자를 토양에 보내 중금속과 결합시킨다. 결합 얘기가 나와서 말인데, 버섯과 식물은 어떻게 서로를 발견하고, 균과 뿌리가 평생 조화로운 관계를 유지하는 비결은 무엇일까? 어쩌면 당신은 이미 짐작했을 것이다. 그렇다, 비결은 대화이다. 의사소통, 의사소통 그리고 또 의사소통!

비늘송이버섯(Tricholoma vaccinum)은 바이오커뮤니케이션 관점에서 특히 흥미로운 균근 버섯인데, 이 버섯은 숙주식물의 언어를 정확히 사용한다. 비늘송이버섯은 혼합림과 침엽수림에서 나무들과 공생관계를 맺는데, 가문비나무(Picea abies)도 그중 하나다. 예나대학의 미생물학자들은, 이 버섯이 '인돌-3-아세트산'이라는 화학 물질을 나무와 똑같이 생산한다는 것을 알아냈다. 식물 역시 세포 성장을 위해 이 화학 물질을 생산한다. 송이버섯은 나무파트너에게 세포성장을 '설득'하고자 할 때마다 인돌-3-아세트산을 방출한다. 식물 세포가 많을수록 버섯 역시 공생파트너와 더 촘촘하게 연결하여 양분을 더 많이 섭취할 수 있기 때문이다. 그러나 또한 비늘송이버섯은 나무파트너가 전송한 인돌-3-아세트산에 반응하여, 균사를 더 길게 더 많이 뻗는다. 버섯이 균사를 많이 뻗을수록 '하르티히 망'을 통해 나무파트너와의 연결 역시 더 촘촘해진다. 지난 수백만 년 동안 숲이 생명체의 생활공간으로 유지된 것은 무엇보다 버섯과 식물의 이런 활발한 대화 덕분이다.

식물의 취향별 방어법

식물은 여러 생명체의 식단에서 가장 위에 있고 그래서 먹고 먹히는 전장에서 최전방에 있다. 대다수 동물은 전투, 도망, 죽은 척하기 중에서 선택할 수 있지만, 땅에 고정된 버섯과 식물이 선택할 수 있는 것은 전투뿐이다! 식물은 대개 가시나 독으로 무장하고 용감하게 전투에 임하여 모든 크기의 포식자로부터 자신을 방어할 줄 안다. 모든 수단을 썼음에도 실패하면, 의사소통 능력이 특히 뛰어난 식물은 동물 동맹군에게 직접 화학 신호를 보내 지원을 요청한다.

식물의 전투

초식동물은 풀을 먹을 때 무엇에 주의해야 하는지 잘 안다. 식물이 "가까이 오지 마. 안 그러면 다치는 수가 있어!"라는 명확한 메시지와 함께 자신의 무기를 공개적으로 드러내 보이기 때문이다. 대다수 식물은 잎 둘레에 톱날처럼 날카로운 '톱니'를 가졌다. 엉겅퀴, 선인장 혹은 쐐기풀은 줄기와 잎에 난 가시나 따가운 털을 이용해 달갑지 않은 손님의 접근을 막는다. 이런 가시나 털은 규산 덕에 작은 창처럼 단단하고, 달팽이나 애벌레 같은 공격자로부터 성(식물)을 방어한다. 당신은 분명 식물의 이런 방어전략을 이미 직접 체험했을 것이다. 쐐기풀의 따가운 털은 원래 분비샘 세포인데, 흥미로운 구조가 이 털을 효과적인 무기로 만든다. 분비샘 세포 끝에 둥근 머리가 있는데, 이것을 건드리면 금세 부서져 공격자의 살에 박힌다. 이때 그 안에 들었던 화학 물질도 흘러나와 공격자의 살갗을 얼얼하고 화끈거리게 한다. 다른 여러 식물, 특히 봄꽃들도 화학 무기를 사용한다. 그러므로 3월, 4월, 5월, 숲에 사프란과 은방울꽃이 활짝 피면 조심해야 한다. 은방울꽃의 꽃과 열매를 먹으면, 인간은 설사, 현기증, 심한 경우에는 심정지를 일으킬 수 있다. 다음의 '애기장대' 사례는, 식물이 적을 방어할 때 얼마나 정교하게 이런 화학 무기를 사용하는지 보여준다.

애기장대의 청각

애기장대(Arabidopsis thaliana)는 꽃잎 네 개가 십자 형태를 이루는 십자화과에 속하는 흔한 풀이다. 특히 흰배추나비(Pieris rapae)의 애벌레가 애기장대의 잎을 즐겨 먹는다. 그러나 그 대신 대가를 톡톡히 치러야 한다! 애기장대는 애벌레의 공격에 적극적으로 대응한다. 애기장대는 화학 정보 형태로 "내 영토에서 즉시 나가라!"는 메시지를 애벌레에게 보낸다. 미국 미주리대학 연구진은, 애기장대가 어떻게 애벌레의 접근을 감지하고 즉시 방어해야 할 긴박한 상황임을 '파악하는지' 알아내고자 실험을 했다. 애기장대는 정말로 잎을 갉아

먹는 소리를 듣고 애벌레의 공격을 알아차릴까?

먼저 연구진은 애벌레가 애기장대의 잎을 갉아 먹는 소리를 녹음했다. 그다음 아직 공격당하지 않은 22개 애기장대의 잎에 작은 스피커를 대고 이 소리를 들려주었다. 비교실험을 위해 연구진은 다른 애기장대에도 똑같이 미니 스피커를 부착했지만, 여기에서는 갉아 먹는 소리를 틀지 않았다. 갉아 먹는 소리를 들은 애기장대는 두 시간 뒤에 정말로 화학 방어물질의 양을 높였다. 그러나 아무 소리도 듣지 않은 비교식물은 방어물질의 양에 변화가 없었다. 이때 잎에 있는 압력 '수용체'는 누가 혹은 무엇이 기계적 진동을 일으키는지 아주 정확히 구별할 수 있다. 또 다른 실험에서 밝혀졌듯이, 바람이 일으킨 진동에 대해서는 애기장대 잎이 이렇다 할 방어반응을 보이지 않았다. 잎에 닿는 바람은 애벌레가 갉아 먹는 소리와 전혀 다른 청각 패턴을 만든다.

만약 흰배추나비 애벌레가 내는 소리와 아주 비슷한 소리를 들려주면 어떻게 될까? 메뚜기의 구애 노래가 청각 면에서 흰배추나비 애벌레의 갉아 먹는 소리와 비슷한데, 애기장대는 메뚜기의 노래를 무해하다고 판단했고 그래서 이렇다 할 방어반응도 보이지 않았다. 우리의 다음 후보자 역시 애벌레의 공격을 방어해야 하고, 그것을 위해 아주 특별한 의사소통 전략을 개발했다.

지원을 요청하는 담배풀

담배풀은 신경독인 '니코틴'을 사용해 탐욕스러운 애벌레로부터 자신을 보호한다. 니코틴은 애벌레를 마비시키거나 말 그대로 그들의 입맛을 떨어트린다. 오래된 담배꽁초를 누가 씹어먹고 싶겠는가? 포식자인 초식동물과 먹잇감인 식물의 먹고 먹히는 관계에서, 동물은 언제나 식물의 방어전략을 뚫을 수 있는 속임수와 요령을 갖고 있다. 예를 들어, 박각시나방(Manduca sexta)의 애벌레는 니코틴에 아무 영향도 받지 않는다. 다시 말해, 그들은 니코틴에 아랑곳하지 않고 담배풀을 즐겨 먹는다. 바이오커뮤니케이션에서 특히 흥미로운 담배풀의 라틴어 학명은 '니코티아나 아테누아타(Nicotiana attenuata)'인데, 이 풀은 감자나 토마토와 마찬가지로 가지과에 속한다. '코요테담배'로도 알려진 이 풀은 박각시나방의 애벌레에게 호락호락 당하지 않는다. 애벌레가 방어전략을 뚫지 못하도록 코요테담배는 그냥 자신의 방어전략을 바꿔버린다!

담배풀은 공격해오는 천적의 침에서 그들의 정체를 알아낸다. 박각시나방 애벌레가 잎을 갉아먹기 시작하면, 담배풀은 애벌레의 침에 함유된 화학 물질을 감지하고 생화학적 방어군을 파견한다. 그러니까 코요테담배는 말 그대로 애벌레의 위에 부담을 주어 소화를 막는 물질을 방출한다. 이것으로도 애벌레를 쫓아내지 못하거나 심지어 다른 천적까지 공격해오면, 담배풀은 즉시 화학 신호를 보내 지원을 요청한다. 지원 요청 신호는 침노린재와 말벌의 수용체에 도달하고, 이들은 즉시 출동한다. 침노린재는 주저 없이 박각시나방 애벌레의 알을 먹어치운다. 그뿐만 아니라, 벼룩잎벌레 혹은 진얼룩뿔노린재 같은 성가신 포식자를 담배풀에서 쫓아낸다. 한편, 말벌은 박각시나방 애벌레 몸 안에 알을 낳는다. 그래서 새끼 말벌은 세상에 태어나자마자 곧바로 풍성하게 차려진 식탁을 받는다. 옥수수나 리마콩 같은 식물 역시 달갑지 않은 적의 공격을 받으면 동물 동맹군에게 지원을 요청한다. 거미진드기인 점박이응애(Tetranychus urticae)와 벚나무응애(Tetranychus viennensis)의 공격을 받은 리마콩(Phaseolus lunatus)은 화학 신호를 보내 포식성 진드기를 부른다. 포식성 진드기인 칠레이리응애(Phytoseiulus persimilis)와 메타세이울루스 옥시덴탈리스(Metaseiulus occidentalis)가 즐겨 먹는 먹이가 바로 거미진드기이므로, 이들은 리마콩의 식사초대에 언제나 기꺼이 응한다.

담배 얘기를 잠시만 더 하자. 담배풀을 괴롭히는 곤충이 더 있기 때문이다. '헬리오씨스 바이레신스(Heliothis virescens)'라는 라틴어 학명을 가진 담배나방이 그중 하나다. 담배나방 암컷은 담배풀에 알을 낳고, 알에서 부화한 애벌레는 세상에 나오자마자 담뱃잎으로 배를 가득 채우기 시작한다. 담배풀은 당연히 이 탐욕스러운 애벌레의 정체를 감지한다. 담배나방 애벌레는 그들만의 고유한 방식으로 움직일 뿐만 아니라, 그들의 침 역시 지금 어떤 달갑지 않은 손님이 방문했는지 담배풀에 폭로하기 때문이다. 담배풀은 우글거리는 탐욕스러운 애벌레를 감지하자마자 그 반응으로 모든 담배나방 '임산부'에 집중한다. 실험실 실험으로 담배풀과 담배나방 사이의 대화 내용이 밝혀졌다. 애벌레의 공격을 받은 담배풀은 밤에 담배나방 암컷에게 화학 전달물질을 보내, 이미 공격받는 담배풀에서 '손'을 떼고, 차라리 아직 공격받지 않은 다른 담배풀에 알을 낳으라고 설득한다. 담배풀이 보낸 메시지는 대략 다음과 같을 것이다.

"나는 담배풀이다. 너의 동료 애벌레들이 내 잎을 이미 갉아 먹고 있다."

담배풀이 시작한 의사소통은 담배풀과 담배나방 모두에게 유용할 것이다. 담배풀은 또 다른 애벌레의 공격을 막을 수 있고, 담배나방 암컷은 자손을 위한 적합한 아기방을 더 빨리 찾을 수 있다. '자손'이라는 단어로, 우리는 수많은 식물과 버섯의 의사소통 목록에 있는 다음 주제에 곧바로 도달한다.

유성생식 혹은 무성생식

버섯과 식물은 유성생식으로도, 무성생식으로도 자손을 얻을 수 있다. 그러니까 "유성이냐 무성이냐"를 선택할 수 있다. 그런데 이것은 정확히 무슨 뜻일까? 우리는 이미 단세포 생물에서 무성생식을 만났다. 세포 하나가 분열, 발아 혹은 분리를 통해 증식한다. 그러나 그 전에 먼저 설계도를 포함한 모든 세포성분이 두 배로 늘어야 하고, 그래야 모든 딸세포가 생존에 필요한 모든 것을 갖게 된다. 이런 방식으로 모세포에서 유전적으로 완전히 똑같은 딸세포, 즉 자손이 생긴다. 세포분열로 증식하는 세포는 자손을 얻기 위해 다른 세포가 필요치 않고 그래서 또한 성별도 없다. 라틴어 'sexus'에서 유래한 '섹스(sex)'는 아주 간단히 '성별'을 뜻한다. 그러므로 섹스가 있는 생식, 유성생식이란 성별이 있는 생식을 뜻하고, 우리 인간뿐 아니라 성별이 있는 모든 생명체가 모든 수단을 동원하여 의사소통할 이유로 충분하다.

성세포 둘이 만나다

유성생식은 무성생식과 비교하면 명확한 단점이 하나 있다. 시간이 많이 든다! 유성생식을 하는 생명체는 먼저 성적으로 성숙하여 여성 혹은 남성 '하드웨어'를 갖춰야 한다. 여성의 생식기관에서 여성 성세포(난자세포)가 만들어지고, 남성 생식기관에서 남성 성세포(정자세포)가 만들어진다. 서로 다른 두 성세포가 만나 하나가 되어야 비로소 새로운 생명체가 생긴다. 자녀계획에 성공하려면, 성세포의 발생 단계에서 설계도가 '유사분열(Mitose)'을 거쳐 반으로 나뉘어야 한다. 그러나 여성 난자세포와 남성 정자세포가 만나 하나가 되는 것은 유성생식의 한 가능성에 불과하다. 버섯 같은 단순한 생명체의 경우, '남성' 혹은 '여성'이 아니라 최대 수천 개에 이르는 다양한 성별이 있다. 그러므로 암수 구별 자체가 헛수고이다. 그래서 버섯의 성별은 '짝짓기 유형'이라 불리고, 성세포 역시 난자세포와 정자세포처럼 외적으로 구별이 되지 않는다. 또한 버섯의 성세포는 '남성'과 '여성'이 아니라 '플러스'와 '마이너스'로 구분된다. 서로 다른 짝짓기 유형의 성세포 둘이, 그러니까 플러스 세포 하나와 마이너스 세포 하나가 만나 하나가 되면, 새로운 버섯 자손이 생긴다. 버섯은 파트너 선택의 폭이 아주 넓다!

버섯의 수천 개 짝짓기 유형을 식물과 동물의 단 두 개 성별로 축소하기 위해 자연은 정확히 어떤 과정을 거쳤을까? 이것은 여전히 수수께끼이다. 유성생식이 왜 필요해졌는지, 아직도 해명되지 않았다. 두 성별이 그냥 합쳐지는 게 아니다. 섹스에는 시간과 자원이 든다. 그럼에도 유성생식이 발달한 중요한 이유는 아마 자손의 다양성 강화일 터이다. 설계도 절반을 가진 두 성세포가 합쳐지면서 완전한 설계도를 가진 새로운 세포가 생겨난다. 예를 들어 꽃의 색깔 같은 새로운 특징 조합이 만들어지는 것이다. 이런 방식으로 생명의 복권에서 흉내 낼 수 없이 독특한 자손이(일란성 쌍둥이는 예외) 탄생한다. 아주 다양한 자손이 태어나고, 그래서 그중 하나가 변화하는 환경조건에서 생존할 확률 또한 올라간다. 지구에 사는 생명체의 끝없는 다양성의 열쇠가 바로 이런 새로운 조합 가능성이다.

그러나 아무 성세포나 무작위로 서로 하나가 될 수 있는 건 아니다. 달팽이는 해부학적 구조 때문에라도 코끼리와 생식할 수 없다. 설령 완전히 다른 종의 커플이 자신의 성세포를 파트너에게 줄 방법을 찾았더라도 전혀 다른 두 설계도에서 무엇이 나오겠는가? 어떤 설계도에 따라 새로운 생명체를 만들어야 할까? '달팽이' 설계도? '코끼리' 설계도? 그러므로 같은 종의 생명체라야 생식할 수 있다. 개와 개, 고양이와 고양이, 사람과 사람. 동물의 암수 의사소통을 다루기에 앞서 먼저 식물과 버섯을 다시 한번 보자.

식물의 수분: 꽃가루가 암술의 흉터에 도달하는 방법

종자식물 역시 난자세포와 정자세포가 만나 새로운 생명

을 탄생시킨다. 이들의 이런 번식 방법이 종자식물이라는 이름 안에 이미 들어 있다. 종자식물은 번식을 위해 종자, 즉 씨를 생산한다. 창세기에서 생명나무로 나오는 측백나무, 크리스마스트리로 쓰이는 전나무, 주목 등은 모두 '겉씨식물'에 속한다. 꽃이 피는 속씨식물과 달리, 겉씨식물의 씨는 열매 안에 감춰져 있지 않다. 그래서 '겉씨'이다. 속씨식물인 사과를 생각해 보라. 사과 씨는 과육으로 안전하게 감싸져 있다. 열매인 '사과'가 열리려면, 수술에 있는 정자세포가 암술 심피 위의 흉터에 닿아야 한다. 이곳에 난자세포가 있기 때문이다. 식물은 혼자서도 수분할 수 있다. 꽃이 오므라들면서 수술이 암술의 흉터에 닿으면 된다.

그러나 바람이나 곤충을 통해 꽃가루를 퍼트리는 방법이 훨씬 더 효율적이다! 꽃가루가 성공적으로 목적지에 도달하면, 꽃가루관이 난자세포를 향해 자라 정자세포를 전달한다. 난자세포와 정자세포가 하나로 합쳐지고, 우리가 '열매'라고 알고 있는 자손이 생겨난다. 열매가 성숙하여 씨를 퍼트릴 준비가 되면, 열매의 겉모습이 변한다. 그래서 체리가 달콤하게 익은 것을 우리 인간만 아는 게 아니다. 자외선 영역의 색상 변화는 수많은 새에게 열매를 수확할 때가 되었음을 알린다. 새들이 씨까지 통째로 과일을 먹고 다른 장소로 날아가 소화되지 않은 씨를 그곳에 배설한다. 이제 그곳에서 새로운 식물이 자랄 수 있다.

꽃식물은 보상으로 유혹한다

꽃식물은 '사랑의 메신저' 동물의 도움으로 두 성세포를 만나게 하는 방법을 찾아냈다. 생사가 달린 문제인 만큼 꽃식물은 수분을 도와줄 곤충을 유인할 최고의 전략을 발달시켰다. 꽃식물은 색상, 형태, 표면구조 등 다양한 시각 정보를 넉넉히 보낸다. 시각 정보는 냄새 물질과 짝을 이루어 수분을 도와줄 중매쟁이를 유혹한다. 어떤 꿀벌이 이런 유혹을 이겨낼 수 있겠는가? 꽃식물은 중매쟁이 동물과의 긴밀한 '의사소통'을 통해 꽃의 형태와 색상을 종종 개별 중매쟁이 종에 정확히 맞춘다. 한 가지 색상의 꽃도 있지만, 대다수는 강하게 대비되는 두 가지 색상을 가졌다. 이런 색상 대비는 무엇보다 중매쟁이의 서비스에 대한 달콤한 보상인 꽃꿀 근처에서 드러난다. 중매쟁이는 지도를 보듯 꽃의 무늬를 보고 방향을 잡고, 찾던 것을 정확히 찾아낸다. 꽃에 있는 둥글거나 타원형인 점들이 시각 신호 구실을 하여, 중매쟁이 동물이 꽃의 위치를 쉽게 찾을 수 있다.

눈에 띄는 점박이 무늬의 좋은 예가 산당근(Daucus carota subsp)이다. 산당근은 수많은 하얀 꽃을 피우지만, 꽃대 한복판에 까만 점 하나가 있다. 이 점은 작은 곤충처럼 보인다. 실험에서 확인되었듯이, 파리들은 점을 없앤 산당근보다 까만 점이 있는 산당근에 더 자주 앉았다. 산당근은 곤충들이 좋아하는 인기상품을 '광고'하듯, "여기를 보세요! 다른 고객들도 즐겨 찾는 좋은 상품이 여기 있어요"라는 메시지를 보낸다. 실제로 많은 식물이 노련한 '장사꾼'처럼 고객의 욕구를 정확히 겨냥한다. 어떤 꽃식물은 이미 중매쟁이의 방문을 받아 더는 '수분 욕구'가 없으면, 그렇다는 신호를 보낸다. 그들은 꽃의 색상을 바꾸고, 중매쟁이에게 보상으로 주려고 준비했던 꽃꿀을 줄인다. 이런 변신 식물 중 하나를 방문하자. 그러려면 잠시 아프리카로 날아가야 한다.

데스모디움 세티게룸: 변신하는 식물

'데스모디움 세티게룸(Desmodium setigerum)'이라는 라틴어 학명을 가진 이 식물은 수분 주제에서 아주 흥미로운 사례이다. 주로 아프리카에 사는 이 식물의 수분을 위해서는 아주 특별한 매커니즘이 필요하다. 꽃의 아랫부분 모양이 일종의 착륙장처럼 생겨서, 중매쟁이 곤충이 그곳에 내려앉기 쉽게 한다. 꿀벌 같은 방문자는 이곳에 착륙한 후 느긋하게 꽃꿀을 찾아다닌다. 그러나 곤충이 꽃의 내부로 통하는 '비밀문'을 찾아야 비로소 꽃의 진짜 수분이 이루어질 수 있다. 중매쟁이의 움직임으로 꽃의 흉터와 꽃가루주머니가 폭발하듯 노출된다. 이런 매커니즘은 다른 콩과식물에도 있지만, 데스모디움 세티게룸의 경우 특별한 임무도 수행한다. 그들은 방문자 수를 센다.

곤충 한 마리가 이런 매커니즘을 만들어내면, 꽃의 색상이 보라색에서 흰색 혹은 옥색으로 변한다. 그리고 노출된 흉터와 꽃가루주머니 위로 꽃잎 윗부분이 천천히 오므라든다. 그래서 수분 이전과 후의 꽃 모양이 완전히 다르고, 그런 변신으로 꽃은 "수분을 마쳐 이제 가게 문을 닫습니다"라고 알린다. 식물의 이런 반응에 벌써 감탄했는가? 그렇다면, 꼭 잡아라! 이제부터 더 놀라운 일이 벌어진다!

일반적으로 꽃이 수분하는 데 꿀벌 방문 한 번이면 충분하다. 그러나 때로는 너무 적은 꽃가루가 흉터에 묻어 재수분이 필요하기도 하다. 이런 경우, 꿀벌의 방문을 받아 가게문을 닫았던 꽃이 다시 활짝 열리고 흉터가 도드라진다. 꽃은 '피켓을 펼쳐 들고' 두 번째 수분 가능성을 알린다. 옥색이 더욱 강렬해지고 심지어 일부는 다시 원래의 보라색으로 돌아간다! 그런데 왜 이 식물은 중매쟁이에게 어떤 꽃으로 가야 하고 어떤 꽃에는 가지 말아야 하는지 알리기 위해 그토록 세심하게 신경을 쏠까? 이 식물의 꽃은 단 하루만 피므로, 그냥 시간이 부족하기 때문일까? 아일랜드국립대학의 다라 스탠리(Dara A. Stanley) 연구진에 따르면, 데스모디움 세티게룸의 꽃

대부분은 오후 2시쯤이면 중매쟁이의 방문을 적어도 한 번씩 받는다. 늦어도 오후 6시면 거의 모든 꽃이 수분한다. 이 식물은 변신 전략으로 중매쟁이의 착륙을 정확히 유도하여, 모든 꽃에서 수분이 진행되도록 한다. 그것도 막대한 시간 압박 속에서! 정말 기발하지 않은가?

사랑을 위한 속임수

곤충난초는 난초과에 속하는 식물로, 수분을 도와줄 중매쟁이를 유인하기 위해 아주 독특한 전술을 쓴다. 바로 속임수다! 곤충난초의 꽃은 시각 및 화학 정보를 허위로 보내 수신자의 눈과 코를 속인다. 곤충난초는 꽃의 색과 모양으로 중매쟁이 곤충의 암컷을 흉내 낸다. 이것으로 끝이 아니다. 이 식물은 이런 거짓 시각 정보와 함께 암컷 곤충이 평소 수컷 곤충을 유혹할 때 쓰는 것과 똑같은 화학 전달물질을 방출한다. 지중해 지역에 사는 벌란(Ophrys holoserica)은 날개를 활짝 편 고독한 암컷 흑벌(Eucera nigrescens)처럼 생겼다. 이 식물은 암컷 흑벌과 똑같이 생긴 꽃을 피운다. 그 결과 수컷 흑벌은 정말로 유혹을 느끼고 (아랫입술이라고도 불리는) 꽃 밑부분에 앉는다. 흑벌은 꽃에 앉자마자 전형적인 교미 행동을 한다. 벌란이 기다렸던 행동이다. 그것이 바로 수분을 위해 눌러야 하는 스위치이기 때문이다.

곤충난초는 난초과에 속하고 꽃의 모양과 색이 암컷 흑벌을 닮았다. 그래서 외로운 수컷 흑벌이 깜빡 속아, 꽃의 밑부분에 앉아 교미 행동을 한다.

수컷 흑벌이 꽃 밑부분에 앉으면, 위치상 흑벌은 꽃가루주머니 바로 밑에 있다. 벌이 교미 행동을 시작하자마자 꽃가루주머니에서 꽃가루가 벌의 등에 비처럼 쏟아진다. 꽃가루 비만 쏟아지는 게 아니다. 식물은 벌이 가져온 다른 난초의 꽃가루도 얻는다. 그러므로 수컷 흑벌은 이중으로 배신을 당한다. 우선 허위 사실에 유인되고, 그다음 꽃가루만 뒤집어쓴 채 버려진다! 그러나 현장실험에서 밝혀졌듯이, 수컷 흑벌은 그것이 진짜 암컷이 아님을 완전히 알아차린다. 그래서 그들은 벌란의 속임수에 딱 한 번만 속는다. 그 뒤로는 두 번 다시 벌란에게 날아가지 않는다.

생물학에서는 이런 '위장' 전략을 '의태(mimicry)'라고 부른다. 이것은 삼각 의사소통에 해당한다. 발신자1이 있고 발신자1을 흉내 내는 발신자2가 있으며, 발신자2에게 속은 수신자가 있다. 곤충난초의 경우, 암컷 벌이 발신자1이고, 암컷 벌을 흉내 내는 곤충난초가 발신자2이며, 수컷 벌이 속은 수신자이다. 곤충난초는 이른바 '성적 속임수'를 쓰지만, 식물이 속임수를 쓰는 다른 상황도 있다. 애기가시덤불란, 초롱꽃, 가위벌이 공통으로 갖는 의사소통 주제로 넘어가보자.

애기가시덤불란 이야기

난초과에 속하는 애기가시덤불란(Cephalanthera rubra)은 가시광선의 붉은 영역을 반사하는 색소를 가졌고, 그래서 꽃이 붉게 빛난다. 애기가시덤불란은 주로 파랑, 보라 혹은 흰색인 초롱꽃과 명확히 구별된다. 두 꽃이 색상만 다른 게 아니다. 꽃의 모양도 완전히 다르다. 그러나 우리가 이제 안경을 쓰고, 수분을 돕는 중매쟁이, 예를 들어 가위벌(Chelostoma fuliginosum)의 시선으로 세계를 본다면, 분명 가위벌과 똑같이 두 꽃을 구별하는 데 어려움을 겪을 것이다. 가위벌은 가시광선의 붉은 영역을 감지할 수 없고 그래서 그들의 눈에는 복숭아잎초롱꽃(Campanula persicifolia)과 애기가시덤불란의 색이 거의 똑같아 보인다. 우리 눈에는 보이지 않는, 식물들 사이의 이런 유사성은 우연이 아니다!

애기가시덤불란은 초롱꽃을 모방한다. 애기가시덤불란에는 없는 것, 즉 꽃꿀이 초롱꽃에는 있기 때문이다. 그러므로 애기가시덤불란은 곤충난초와 달리 성 사기꾼이 아니라, 음식 사기꾼이다. 꽃꿀을 보상으로 중매쟁이를 유인한 후, 달콤한 약속을 지키지 않기 때문이다! 수컷 가위벌은 속임수에 넘어가 수분을 돕고, 결국 서비스에 대한 아무런 보상도 받지 못한다. 이 이야기는 자연의 정보 교환이 인간의 감각 범위 밖에서 이루어진다는 것을 다시 한번 더 보여준다. 그러므로 바이오커뮤니케이션 연구에서는 언제나 수신자의 시선에서 볼 필요가 있다. 식물 왕국에서 어떤 '사기꾼'을 더 만나게 될지 누가 알겠는가!

버섯이 개미를 터뜨리는 이유

버섯은 정직한 방식으로 번식한다. 버섯 왕국의 수많은 종은 유성생식으로도, 무성생식으로도 번식한다. 땅속에 있는 균사는 유사분열과 그에 따른 분리 혹은 발아를 통해 번식한다. 버섯은 또한 어느 정도 움직일 수 있는 작은 세포 꾸러미를 만들 수 있다. 이런 세포 꾸러미 역시 포자라고 불리고, 이 포자는 다른 자리에서 새로운 균사를 만들어낼 때까지 불리한 환경조건에서도 버틸 수 있다. 버섯의 유성생식 역시 포자를 통해 이루어질 수 있다. 그러나 유성생식을 하는 성세포가 다 그렇듯이, 이것은 단지 절반의 설계도만 가졌다. 같은 종의 다른 성세포와 하나로 합쳐지면 비로소 유성생식이 완료된다. 유성생식의 자세한 과정은 버섯종마다 매우 다를 수 있다. 내 유년 시절의 짧은 일화를 소개하겠다.

나는 숲을 걷다가 실수로 말불버섯을 밟았다. 내 실수에 대한 응답으로, 작은 버섯이 먼지구름을 발사했다. 베이비파우더 통을 세게 밟았을 때와 비슷하다. 현재 나는 '버섯의 먼지구름'이 가루가 아니라 절반의 설계도를 가진 포자임을 안다. 옛날에 말불버섯은 '여우 방귀'라고도 불렸는데, 분명 포자가 터질 때 나는 비슷한 소리 때문이었을 터이다. 바람이나 동물이(말불버섯의 경우 내가 그 동물이었다) 포자를 수 킬로미터 멀리까지 옮기고, 포자는 새로운 좋은 장소에서 새 삶을 시작한다.

먼저 분열을 통해 포자에서 균사가 생긴다. 이 균사는 절반의 설계도만 가졌다. 갓과 자루, 즉 열매를 가진 새로운 말불버섯을 땅 위로 자라게 하려면, 다른 성별의 포자에서 나온 균사와 합쳐야 한다. 우리가 기억하듯이, 버섯은 유성생식에서 선택의 폭이 아주 넓다. 버섯은 성별이 암수 둘만 있는 게 아니기 때문이다. 그러나 '연인'은 어떻게 서로를 찾아낼까?

균사가 화학 신호를 보내고 이런 방식으로 서로에게 접근할 수 있다. 그러나 생식을 위해서 개미 같은 다른 생명체가 필요한 버섯도 있다.

이 버섯이 우리를 브라질의 열대우림으로 안내한다. 여기에서 우리는 발음조차 어려운 'Ophiocordyceps unilateralis'라는 라틴어 이름을 가진 버섯을 만난다. 이 버섯은 동충하초에 속하고 '좀비개미버섯'이라는 별명을 가졌다. 이런 별명이 괜히 붙은 게 아니다. 이 버섯은 생식을 위해 작은 개미의 뇌를 조종한다!

이 동충하초의 포자들은 음식을 통해 왕개미의 몸 안에 도달한다. 그곳은 그들이 새 삶을 시작하기에 최고의 환경이다. 시간이 흐르면서 균사망이 신경계를 포함하여 왕개미의 온몸에 영향을 미친다. 이 버섯은 개미 머리에 도달하여 희생자를 좀비처럼 만들어 조종한다. 왕개미의 일종인 목수개미(Camponotus leonardi)는 주로 통풍이 잘되는 20미터 높이의 나무에 산다. 그러나 목수개미가 좀비버섯의 공격을 받으면, 땅에서 25센티미터 위에 난 풀잎으로 내려간다. 우리가 어떻게 그렇게 정확히 아는지 궁금한가? 동충하초의 공격을 받은 왕개미는 죽음의 손아귀에서 의식을 되찾으려는 듯, 나뭇잎을 세게 깨물어 진한 자국을 남기기 때문이다.

개미가 좀비로 변하면, 이제 좀비버섯의 장대한 마무리가 시작될 수 있다. 두구두구두구두구 펑! 개미의 머리가 터진다! 버섯의 열매(자실체)가 개미 머리를 밀어내며 자라 나오기 때문이다. 상상만으로도 끔찍하다! 이 버섯은 왕개미를 정확히 조종해 가장 적합한 풀잎 밑에 자리를 잡게 하여 비를 피하게 한다. 뿐만 아니라 이 우산 풀잎 아래에는 같은 종이 이동하는 개미 도로가 놓여 있어서 좀비버섯의 포자가 개미 머리에서 곧바로 다음 희생자에게 떨어진다. 가엾은 개미여, 잘 가라!

이웃 사랑

숲속 나무들

긴 세월 함께 한 나무들
머지않아 냄새 맡지 못하고
보지도 못하리,
하여 종종 전나무,
때때로 참나무조차
소망하네,
아무도 모르게 사라지기를.

그러나—땅속의 길고 굵은 뿌리

땅에 단단히

묶여 있으니

꼿꼿이 부동자세로 서 있을 수밖에

군인처럼—

불행히도 그들은 소망을 버려야 하네.

- 하인츠 에르하르트*

하인츠 에르하르트가 자신의 시 〈숲속 나무들(Bäume im Wald)〉의 소재로 썼던 '식물들끼리의 의사소통'에 대해 알아보자. 식물 뿌리는 우리 눈에 보이지 않게 땅속에서 퍼지고, 그곳에서 다양한 이웃을 만난다. 땅속에서는 특히 화학 신호의 도움으로 바이오커뮤니케이션이 활발히 진행된다! 애기장대만 보더라도 100가지가 넘는 화학 물질을 방출하고 그것의 도움으로 주변과 소통한다. 그러나 지하에서의 대화가 항상 평화로운 건 아니다. 지상도 다르지 않다. 가령 잎이 바람에 나부껴 이웃과 닿으면, 서로에게 방해가 될 수 있다. 그러므로 숲에서도 다음의 원칙을 준수해야 한다.

"네 이웃을 사랑하라. 그러나 선을 넘어선 안 된다!"

*Heinz Erhardt, Noch'n Gedicht © Lappan in der Carlsen Verlag GmbH, Hamburg 2009.

고추와 바질: 환상의 짝꿍!

불쾌한 '냄새를 풍기는' 사람들이 더러 있다. 우리는 그들 가까이 가고 싶지 않고, 가까이 사는 것은 두말할 것도 없다. 식물 왕국 역시 크게 다르지 않다. 그래서 경험이 많은 정원사는 이웃한 식물들이 서로에게 미칠 수 있는 긍정적인 효과와 부정적인 효과를 잘 안다. 식물을 심을 때 어떤 이웃이 서로에게 좋을 수 있고 어떤 이웃이 그렇지 않은지 주의할 필요가 있다. 예를 들어, 양파는 완두콩을 좋아하지 않지만, 반대로 회향은 완두콩 무리 안에서 편안함을 느낀다. 왜 그럴까? 식물들은 뿌리로 땅을 공유하고 땅속의 양분을 두고 경쟁한다. 어떤 식물은 다른 식물보다 욕심이 많고 더 많은 자리를 차지하거나 심지어 이웃이 싫어하는 화학 물질을 내보낸다. 호두나무(Juglans regia)는 아주 '고약한 이웃'인데, 호두나무 잎은 다른 식물의 성장을 방해하는 계피산을 방출한다.

그러나 식물 왕국에는 당연히 좋은 이웃도 있다! 바질 (Ocimum basilicum)은 적어도 고추(Capsicum annuum)에게는 아주 좋은 이웃이다. 바질은 주변에 잡초가 자라지 못하게 막는 냄새 물질을 방출한다. 이 냄새 물질은 토양을 축축하게 유지하는데, 그것은 고추에게 살아 있는 덮개 구실을 한다. 오스트레일리아 웨스턴대학 연구진은 실험을 통해 고추와 바질의 의사소통을 자세히 관찰했다. 연구진은 다양한 조건에서 고추 씨앗이 바질 옆에서 발아하게 했다. 첫 번째 실험에서 고추와 바질은 땅 위에서뿐 아니라 땅 밑에서도 공기나 흙을 채널로 정보를 교환할 수 있었다. 두 번째 실험에서는 이 교환을 막아 두 이웃의 소통을 차단했다. 놀라운 결과가 나왔다. 두 실험 모두에서 고추 씨앗은 바질 이웃이 없을 때보다 있을 때 싹을 더 잘 틔웠다. 고추가 바질 옆에서 왜 더 잘 자라고, 소통하지 않고도 근처에 바질이 있다는 것을 어떻게 '알았는지'는 지금까지도 해명되지 않았다.

옥수수는 혼자 있고 싶다

식물은 바이오커뮤니케이션을 연구하기에 아주 적합하다. 식물은 실험실의 통제된 조건 아래에서 키워질 수 있고, 성장 과정에서 주변의 변화에 빠르게 반응하기 때문이다. 지상과 지하에서 이루어지는 식물들의 의사소통을 연구할 때, 특히 담배풀과 옥수수(Zea mays)가 애용된다.

스웨덴 웁살라대학 연구진은 다음과 같은 의문을 품었다. 두 옥수수의 잎이 서로 닿으면 멀리 떨어져 있는 옥수수에 보내는 화학 물질이 땅속에서 방출될까? 연구진은 실험실에서 이것을 확인하기 위해 여러 단계의 실험을 진행했다. 그들은 먼저 두 옥수수의 잎을 서로 닿게 하여 옥수수밭에서 자연스럽게 서로 접촉하는 것처럼 흉내 냈다. 이런 접촉에 땅속에서도 반응을 보인다면, 접촉된 식물이 소통을 위한 화학 물질을 땅속에서 방출한다는 뜻이 된다. 연구진은 어린 옥수수에게 선택권을 주었다. 지상에서 이웃과 접촉했던 방향으로 뿌리를 뻗을 것인가? 아니면 서로 접촉하지 않았던 방향으로 뻗을 것인가? 실제로 어린 옥수수는 이웃과 닿은 적이 없는 쪽으로 뿌리를 뻗었다. 옥수수는 지상의 접촉을 감지하고 이웃의 존재를 알리는 화학 정보를 확실히 지하에 보냈다. 나무들에서 확인할 수 있듯이, 그들은 이웃한 나무와 접촉하자마자 우듬지 가지를 더는 뻗지 않는다.

이웃에게 경고한다

모든 식물이 옥수수처럼 독자적이거나 호두나무처럼 이웃에게 독물질을 보내는 건 아니다. 1983년에 과학자들은 숲에서 포식자의 공격에 맞서는 시트카버드나무(Salix sitchensis)의 저항력이 서로 다름을 목격했다. 이미 포식자의 공격을 받은 적이 있는 동료들 주변의 버드나무가 멀리 떨어져 자라는 버드나무보다 더 건강했다. 이태리포플러(Populus x euroamericana)나 설탕단풍나무(Acer saccharum)에서도 비슷한 광경이 나타났다. 해충 위험이 닥치면, 식물은 정말로 공동체의 힘을 발휘해 서로에게 경고해줄까? 달리 물으면, 병든 나무가 이웃에게 능동적으로 경고신호를 보내는 걸까, 아니면 이웃 식물이 다친 동료의 화학 반응을 도청한 것에 불과할까? 흥미로운 질문이긴 하지만 대답하기는 힘들다.

과학자들은 식물의 의사소통 의도에 관해 더 알아내기 위해 큰쑥나무(Artemisia tridentata)를 관찰했다. 이 식물 역시 포식자의 공격을 받자마자 화학 물질을 방출한다. 이웃 식물들은 이런 화학 정보에 반응하여 포식자를 방어할 수 있는 물질을 더 많이 생산한다. 그러나 이제부터 진짜 흥미로워진다. 이런 반응이 특히 가까운 친척 식물들 사이에서 강하게 나타났다! 반면, 낯선 식물이 포식자의 공격을 받았을 때는 이웃 식물이 이런 반응을 보이지 않았다. 그러니까 큰쑥나무는 누가 제 식구인지 아는 게 확실하다. 그리고 제 식구에게 특정 신호로 경고해주는 소통은 당연히 발신자와 수신자 모두에게 이롭다.

5장
다세포 생물: 동물적으로 탁월한 소통

우리는 이제 숲속에 있다. 약 30미터 떨어진 나무 뒤에 노루 세 마리가 보인다. 노루들은 우리의 존재를 아직 모른 채 먹이를 찾고 있다. 그들은 쉼 없이 귀를 이리저리 움직이며 주변에 있을지 모를 위험을 탐지한다. 이때 우리 중 한 사람이 발을 잘못 떼는 바람에 발밑의 나뭇가지가 부러지고, 노루들이 그 소리를 듣는다. 결국, 노루들은 우리를 발견하고 껑충껑충 큰 보폭으로 도망쳐 빽빽한 숲속에 숨는다. 방금 우리는 노루를 통해 동물의 중요한 특징 두 가지를 목격했다. 동물은 신경세포 덕분에 주변 변화에 빠르게 반응하고, 근육세포 덕분에 움직일 수 있다.

동물의 전형적인 특징

동물은 식물이나 버섯과 마찬가지로 다수의 진핵세포로 구성된 생명체이다. 그러나 동물에게만 있는 전형적인 특징도 아주 많다. 예를 들어, 식물과 버섯의 세포에는 세포벽이 있지만, 동물 세포에는 세포벽 없이 세포막만이 경계 구실을 한다. 발달 과정에서 동물 세포는 정보 전달을 위한 신경세포 혹은 움직임을 위한 근육세포 등, 다양한 임무로 전문화된다. 동물은 식물처럼 빛, 공기, 사랑만으로는 살 수 없고, 광합성으로 직접 양분을 생산할 수도 없다. 동물은 다른 생명체에서 양분을 가져와야 하므로, 다른 생명체를 찾아내고 먹고 소화해야만 한다. 이빨, 강력한 주둥이, 꺼끌꺼끌한 혀. 이런 것들은 동물이 음식을 먹는 데 쓸 수 있는 몇몇 도구들이다.

음식을 먹은 뒤의 소화 과정은 온갖 종류의 산성 액을 가진 다양한 기관으로 구성된 정교한 소화계가 처리한다. 매(Falco peregrinus) 같은 포식자는 재빠른 쥐를 잡아먹기 위해 빠르게 움직여야 한다. 레이더 측정에 따르면 매는 초속 39미터로 날 수 있다. 시속으로 환산하면 140킬로미터다. 매가 사냥할 때 내는 속도를 시속 250에서 360으로 표기한 책들도 더러 있다. 당신이 시속 120킬로미터로 고속도로를 달리면, 치타(Acinonyx jubatus)는 너끈히 당신을 따라잡아 추월할 수 있다. 그 대신 치타는 몇 백 미터 못 가서 숨을 헐떡인다. 바닷속 바닥에 붙어 있는 불가사리처럼 언뜻 꼼짝 않고 있는 듯 보이는 생명체조차 발 근육의 도움으로 1분에 몇 미터를 이동할 수 있다. 매, 치타, 불가사리가 "고기는 나의 건강식"이라며 다른 동물을 잡아먹는 동안, 순수 초식동물은 잎, 열매, 씨, 뿌리를 먹는다. 동물이 식물을 포함한 다른 생명체와 정보망을 구축하는 중요한 이유가 바로 음식 섭취다. 그러나 때때로 동물과 식물의 경계가 모호하다. 음식 섭취를 위해 소화액을 이용하는 육식식물이 있는가 하면, 움직일 필요가 별로 없어 끈질기게 한 자리에 붙어 있는 동물도 있다.

동물 왕국 산책: 척추 혹은 무척추?

말랑말랑한 연골에서 단단한 뼈에 이르는 두개골과 척추 골격의 유무에 따라 척추동물이냐 무척추동물이냐가 결정된다. 해면동물, 강장동물, 벌레, 연체동물 혹은 곤충 같은 절지동물은 두꺼운 두개골도, 척추도 없다. 무척추동물의 몸은 주로 여러 부분으로 나뉘고 상대적으로 작다. 양서류, 파충류, 어류, 조류 그리고 포유류 같은 척추동물은 근육과 힘줄을 움직이는 뼈 그리고(혹은) 연골로 이루어진 골격을 가졌다. 팔과 다리가 한 쌍씩 붙은 몸통, 머리 그리고 대다수 척추동물의 꼬리를 지탱하는 척추 역시 골격에 포함된다.

먼저 척추가 없는 자포동물에서 시작하여, 동물 왕국을 짧게 산책해보자. 자포동물은 이동성에서 예외적인 동물이다. 이들은 식물처럼 자기 자리를 고수하여, '어른'이 되어서도 꼼짝하지 않는다. 이리저리 얽혀 있는 그들의 단순한 신경망이면, 움직이지 않고 그저 팔만 뻗어 먹이를 잡아먹으며 살기에 충분하다. 그러나 벌레나 곤충처럼 복합적 구조의 무척추동물은 복합적 신경계를 가졌다. 이들의 각 신체 부위에는 수많은 신경세포가 작은 매듭처럼 모여 있는데, 이것을 '결절'이라고 부른다. 신경세포들은 이 매듭 부위에서 서로 잘 연결되고, 지렁이가 흙을 뚫고 이동하는 것 같은 조절된 움직임을 가능하게 한다. 특히 곤충, 거미, 게 같은 절지동물의 경우, 몸의 앞부분에 수많은 신경세포가 모여 있는데, 이것이 정보를 수신한다.

머리에 있는 신경세포의 결합으로 뇌와 중추신경계가 탄생한다. 달팽이 같은 연체동물의 신경계에서도 신체의 주요 부위에 신경세포가 집중되어 그곳에서 매듭을 형성한다. 연체동물은 육지와 물의 다양한 환경에서 살고, 그래서 신경계가 어떻게 환경의 요구에 적응하는지를 보여주는 대표적인 예이다. 거의 움직이지 않는 조개들은 신경 매듭이 단 두 개뿐이지만, 육지에 사는 달팽이들은 다리에도 신경 매듭이 있어 제법 빠르게 움직인다. 그래서 달팽이는 전형적인 동작으로 우리의 정원을 '부지런히' 돌아다닐 수 있다.

생김새 때문에 바다토끼라고도 불리는 군소(Aplysia)는 신경생물학자들에게 인기가 높은 연구대상이다. 세포체 하나의 지름이 1밀리미터 이상인 신경세포를 가졌기 때문이다. 비록 감각기관(후각, 촉각, 시각)이나 내장기관(호흡기, 수축반사)을 위한 결절 혹은 전진운동을 위한 특별한 결절을 가졌지만, 그럼에도 그들의 신경계는 한눈에 조망할 수 있게 단순하고, 그래서 연구하기에 좋다. 튀빙겐대학의 신경생물학자 알브레히트 포르스터(Albrecht Vorster)는 군소를 통해 이미 수많은 대학생이 깨달았을 다음의 진리를 재확인했다.

"다음날 시험이 있다면 밤새 파티를 여는 것은 좋은 생각이 아니다!"

이 바다 연체동물은 실험실에서 맛있는 해초에 다가갈 방법을 알아내야 했다. 전날 밤 잠을 충분히 잤을 때는 확실히 수수께끼를 잘 풀었다. 반면, 라디오가 밤새 틀어져 있었고, 계속 방해를 받아 제대로 자지 못했을 때는 다음날 시험에서 명확히 나쁜 성적을 냈다. 아무튼, 수수께끼 풀이에서 특히 좋은 성적을 낸 동물은 오징어였다.

이름에 '어(魚)' 자가 들어가서 마치 어류처럼 보이지만, 사실 오징어는 유연한 다리를 가진 연체동물에 속한다. 그러나 오징어는 신경계에서 매우 도약적인 발달을 이루어냈다. 그들의 머리에 아주 많은 신경세포가 모여, 중앙 제어 장소가 만들어졌다. 그래서 이들은 '두족류'라고도 불린다. 다리가 여덟 개 달린 문어나 열 개 달린 오징어는 번개처럼 빠르게 바다를 돌아다니며 먹이를 잡을 수 있을 뿐만 아니라, 심지어 주변 사물을 도구로 이용할 줄 안다. 코코넛을 모아 방패처럼 사용하는 문어를, 다이버들이 종종 목격한다. 두족류는 뇌에 지능 센터가 있어 사고력이 척추동물에 뒤지지 않는다. 여기에서 우리는 곧장 다음 주제로 넘어간다.

척추동물의 신경계는 중추신경계와 말초신경계로 명확히 구분된다. 중추신경계는 뇌와 척수로 구성되고, 말초신경계는 뇌와 척수를 드나드는 모든 신경세포를 포함한다. 이 신경 세포들은 신체를 이리저리 교차하고 가로지르며 정보를 전달한다. 예를 들어, 그들은 '수축'이라는 메시지가 담긴 근육의 전기 신호를 전달한다. 뇌는 도달한 정보를 분석하고 처리할 뿐 아니라, 거기에 적합한 반응도 지시해야 한다. 척수는 뇌보다 더 단순한 임무를 맡는다. 척수는 반사 반응을 담당한다. 그래서 정보에 대해 늘 똑같은 방식으로 반응한다.

예를 들어, 우리가 뭔가 뜨거운 것을 만지면, 깊이 생각하지 않고 즉시 자동으로 손을 뗀다. 이것은 아주 좋은 반응인데, 만약 우리가 신중하게 생각한 끝에 의식적으로 손을 뜨거운 물건에서 떼기로 한다면, 그동안 우리의 손은 너무 오래 '열' 자극에 노출될 것이기 때문이다. 이런 반사 반응 덕분에 우리는 어떤 자극에 재빠르게 적합한 반응을 할 수 있고, 그래서 긴급상황에서 유기체의 생존을 보장할 수 있다. 척수는 뇌와 긴밀하게 소통하며, 신체에서 진행되는 여러 반응을 조절한다. 척추동물은 대단한 '추리력'을 가지고 주변을 잘 탐색할 수 있고, 전달되는 수많은 정보에 적절히 반응할 수 있다.

사느냐 죽느냐

특히 육식동물은 들키지 않고 저녁거리에 접근하거나 꾀어내기 위해 교묘한 속임수 전술을 쓴다. 그들은 심지어 한 걸음 더 나아가 먹잇감의 언어를 익히고 자신의 이익을 위해 그들의 의사소통을 엿듣는다. 굶주린 새끼들 여럿이 집에서 먹을 것을 기다리고 있는 상황이라면, 먹잇감에 접근하기 위해 온갖 수단과 방법을 동원하는 것은 아주 당연하고 합당해 보인다. 일부러 허위 정보를 보내는 경우도 드물지 않다. 그래서 포식자와 먹잇감의 만남은 울타리 너머로 주고받는 친절한 '담소'와는 전혀 다른 결말을 맞는다. 사느냐 죽느냐가 달렸다!

거미는 포식자들의 스승이다

곤충, 게, 거미 같은 절지동물은 다른 생명체가 즐겨 먹는 먹잇감일 뿐 아니라, 대다수가 능숙한 사냥꾼이자 탁월한 포식자이다. 거미는 끈적끈적한 그물에서 독이 있는 주둥이까지 온갖 사냥 무기를 가졌다. 거미는 먹잇감의 진동을 감지한 후 들키지 않고 먹잇감에 접근하기 위해 기계적 정보를 이용한다. 그러기 위해 그들은 가느다란 거미줄을 사방에 덫처럼 친다. 어떤 절지동물의 여러 다리 중 하나라도 끈적끈적한 거미줄 예술품에 닿는다면, 발버둥쳐봐야 소용없다. 탈출하기에는 이미 너무 늦었다. 발밑을 조심하지 않은 희생자의 잘못이라고 주장할 수도 있겠지만, 사실 거미는 그저 덫을 쳐두고 행운을 고대하며 먹잇감이 주의력을 잃을 때만 기다리고 있지 않다. 그들은 행운을 높이기 위해 뭔가를 한다. 일부 거미줄은 자외선을 반사하여 먹잇감 곤충만을 콕 찍어 유인한다.

볼라스거미라고도 불리는 오스트레일리아 올가미거미는 다른 전술을 쓴다. 그들은 거미줄을 넓게 치는 대신에, 줄 하나와 끈적한 액체 한 방울로 일종의 올가미를 '제작한다'. 올가미거미는 자신의 '볼라'*에 암컷 나방의 교미 유혹 물질과 놀라울 정도로 비슷한 냄새 물질을 추가로 뿌린다. 이제 볼라

---

*줄 세 개를 별 모양으로 엮고 그 끝에 무거운 쇳덩이를 단 올가미 형태의 무기.

스거미는 나방이 유혹을 이기지 못하고 '끈적끈적한 올가미'에 걸려들기를 바라며 자신의 사냥 무기를 공중에 흔든다. 생물학에서는 이런 '가짜 냄새'를 '공격 의태'라고 부른다. 쉽게 말해, 포식자나 기생생물이 피식자나 숙주를 현혹하기 위해 거부할 수 없는 가짜 시각, 청각, 후각 정보를 보내는 것을 말한다.

반딧불이는 가짜 불빛 신호를 보낸다

뉴질랜드의 와이모토 동굴에 사는 발광벌레에 대해 기억할 것이다. 마오리 언어로 '티티와이(Titiwai)'라고 불리는 '아라크노캄파 루미노사'는 먹잇감을 잡기 위해 올가미거미와 비슷하게 끈적한 줄을 이용한다. 이 발광벌레는 가느다란 줄로 파이프 모양의 둥지를 만들어 동굴 천장에 매단다. 이 파이프에는 5밀리미터 간격으로 끈적한 줄이 달려 있는데, 이 줄은 낚싯줄처럼 최대 50센티미터 길이로 늘어뜨려져 있다. 먹잇감을 파이프 둥지 속으로 끌어들이기 위해, 발광벌레는 생체발광 능력을 이용해 나방 같은 곤충을 유인한다. 그들의 낚싯줄에는 또한 개미, 지네, 작은 달팽이 같은 온갖 종류의 미끼들이 매달려 있다. 발광벌레들도 사냥 장비를 항상 최상의 상태로 유지하는 것이 얼마나 중요한지 잘 안다. 그래서 그들은 식사 후에 항상 줄에 남은 음식 찌꺼기를 말끔히 청소하여 접착력을 원래대로 되돌려 놓는다.

　뉴질랜드 동굴의 발광벌레를 떠나 곧장 일본 홋카이도에 사는 반딧불이에게 가보자. 몇 년 전에 나는 홋카이도 삿포로에서 열린 한 학회에 참석했다. 학회 프로그램에는 도시 외곽의 자연박물관 관람도 포함되었다. 그곳에 놀라운 반딧불이가 있었기 때문이다. 이 나들이의 하이라이트는 자연박물관의 인근 공원에서 개똥벌레 혹은 딱정벌레 혹은 풍뎅이라고도 불리는 곤충들의 소통 장면을 라이브로 볼 수 있는 짧은 밤 산책이었다. 강으로 안내하는 어두운 계단을 조심조심 힘겹게 내려갈 때 이미 모험을 하는 기분이 들었다. 그러나 그럴만한 충분한 가치가 있었다! 수천 마리의 반짝이는 곤충들이 공중에서 떼로 날아다니며, 달빛 하나 없는 어두운 밤을 작은 등처럼 밝혔다. 각각의 반딧불이는 자기만의 고유한 빛 신호를 가졌고, 그것의 도움으로 암컷과 수컷이 서로를 발견한다. 그러나 지금 여기에서 다룰 주제는 "이쪽으로 올래 아니면 내가 그쪽으로 갈까?"를 정하는 연인의 대화가 아니라, 수많은 수컷 반딧불이에게 치명적인 종말을 안겨주는 성공적인 거짓 신호이다!

　북아메리카에는 연인의 밀회와 전혀 다른 내용의 빛 신호를 보내는 반딧불이가 있다. 예를 들어, 포투리스 베르시콜로르(Photuris versicolor)의 암컷은 짝짓기를 위한 고유한 빛 신호

이외에 네 가지 다른 반딧불이 종의 빛 신호도 보낼 수 있다. 암컷은 이런 가짜 빛 신호로 다른 반딧불이 종의 수컷을 유인한다. 열 번을 시도하면 적어도 한 번꼴로 다른 종의 수컷이 초대에 응한다. 이 불쌍한 수컷은 가짜 신호에 속아 같은 종의 암컷을 만나 짝짓기를 하리라는 기대에 차서 날아온다. 수컷이 속임수를 알아차렸을 때는 이미 너무 늦었다. 가짜 신호를 보낸 암컷은 짧은 동작으로 그 자리에서 수컷을 죽인다. 이제, 배불리 먹을 일만 남았다!

청소 대신 헤집어놓기: 가짜 청소놀래기

곤충과 거미 같은 절지동물에서 벗어나 이제 물고기, 즉 척추동물 중에서 가장 큰 집단으로 가보자. 물고기들은 민물이든 바다든, 열대든 극지방이든 상관없이 아주 작은 연못에 이르기까지 지구 곳곳의 물에 서식한다. 물고기는 형태와 색상이 가장 다양하고, 먹고 사는 방식 역시 매우 다양하다. 몰디브의 가짜 청소놀래기(Aspidontus taeniatus)부터 방문해보자.

이 물고기는 겨우 15센티미터로 아주 작지만, 이름값을 톡톡히 한다. 가짜 청소놀래기는 다른 물고기, 그러니까 청소놀래기(Labroides dimidiatus)의 외양과 행동방식을 흉내 낸다. 진짜 청소놀래기는 정직한 방식으로 식량을 얻는다. 그들은 다른 물고기의 몸에 있는 죽은 피부, 기생충 혹은 음식 찌꺼기를 청소해주고 그 대가로 먹을 것을 받는다. '고객'은 청소놀래기의 헤엄치는 모습을 보고 청소를 의뢰한다. 생물학자들이 '청소춤'이라고 부르는 이런 시각 정보는 매우 독특해서 눈에 띈다. 가짜 청소놀래기는 이런 청소춤을 아주 그럴듯하게 흉내 내서, 청소놀래기로 완벽하게 위장하여 다른 물고기에게 안전하게 접근한 후 원하는 식량을 얻을 수 있다. 가짜 청소놀래기는 무사히 고객에게 가까이 접근하자마자, 먹잇감의 모든 피부를 헤집기 시작한다. '청소'를 기대했던 물고기의 살은 찢기고, 여기에서 이익을 얻는 쪽은 오로지 가짜 청소놀래기뿐이다!

물고기가 낚시꾼이 된다면

낚시광의 딸로서 나는 낚시에서 꼭 필요한 인내에 대해 안다. 그리고 낚시 같은 사냥 방식에서는 인내뿐 아니라 적합한 장비가 필요하다는 것도 안다. 낚싯줄, 미끼, 낚시꾼의 '위장 복장' 등. 장소와 시간대 또한 낚시의 성공을 좌우한다. 그러나 언제, 어디에서 낚시를 해야 할지 가장 잘 아는 존재는 역시 물고기 자신이다. 그래서 이름에 낚시꾼이 들어가는 물고기가 아주 많다. 사마귀아귀, 악마아귀, 검정아귀.* 이 물고기

*독일에서는 아귀를 'Anglerfisch'라고 부르는데, 낚시꾼물고기라는 뜻이다 – 옮긴이.

들도 먹이를 잡기 위해 낚시를 한다! 그래서 이런 이름이 붙었다!

이런 낚시꾼물고기들은 아귀목에 속하고, 아귀목은 경골어류에 속하며 거의 모두가 바다에 산다. 이들은 아주 독특한 체형과 외모를 가졌다. 예를 들어, 똑바로 선 가슴지느러미는 마치 작은 팔처럼 보인다. 배지느러미와 가슴지느러미를 노련하게 조합해 움직이면 심지어 바다 밑바닥에서 말처럼 달릴 수 있다. 그러나 질주하는 다른 동물과 비교하면 그들은 가장 느리다.

낚시꾼물고기는 거의 모두가 바다에 사는데, 종에 따라 수심의 차이가 있다. 아귀는 주로 얕은 바다 산호초 무리 속에서 산다. 반면 심해아귀는 해저 300미터에서 낚싯줄을 던진다. 얕은 물에 사는 아귀는 빛을 이용할 수 있고 그래서 심해에 사는 동료와 다른 미끼를 쓴다. 등지느러미에 붙은 긴 혹이 주둥이 바로 앞까지 늘어뜨려져 낚싯줄 구실을 한다. 낚싯줄에는 종에 따라 먹잇감을 유인할 다양한 미끼가 끼워져 있다. 벌레, 새우, 다른 물고기까지, 뭐든지 가능하다. 그러나 낚시꾼이 낚시꾼임을 들키면, 아무리 최고의 미끼를 가졌더라도 아무 소용이 없다! 그래서 얕은 물에 사는 아귀는 형태와 색상을 주변과 아주 비슷하게 위장한다. 대어를 낚기 위해 그리고 또한 스스로 포식자에게 잡아먹히지 않기 위해. 맛있는 미끼에 현혹된 먹잇감이 곧장 아귀의 주둥이 앞으로 거침없이 헤엄쳐오면, 낚시꾼은 정확한 타이밍에 번개처럼 빠르게 먹잇감을 낚아채 잡아먹는다. 심해에서는 빛이 없으므로 심해아귀는 위장할 필요가 없다. 그 대신 어떤 미끼를 사용해야 하느냐가 문제로 남는다. 이들은 생체발광을 미끼로 쓴다. 자, 이제 손맛들 보세요!

초음파로 먹이 찾기

식량을 구하는 또 다른 전략은 먹잇감을 유인하는 대신 직접 적극적으로 찾아내는 것이다. 돌고래나 고래 혹은 박쥐 같은 수많은 포유동물이 먹잇감을 찾기 위해 초음파를 쏜다. 기억을 돕기 위해 말하면, 초음파의 경우 음파가 2만 헤르츠보다 더 빨리 진동해서 인간은 들을 수 없다. 포식자가 보낸 초음파는 먹잇감의 몸에 닿자마자 반사되어 포식자에게 돌아간다. 포식자는 먹잇감의 이런 의도치 않은 '대답'에서 여러 정보를 얻을 수 있다. 예를 들어, 잠재 먹잇감이 얼마나 멀리 떨어져 있는지 알 수 있다. 박쥐는 멀리 떨어진 곳에서부터 초음파를 보내기 시작한다. 그러다 먹이의 위치를 알아내면 그때부터 점점 더 짧은 간격으로 초음파를 보낸다. 메아리처럼 반사되어 돌아오는 초음파의 강도를 근거로 박쥐는 먹잇감의 크기를 가늠할 수 있다.

그러나 먹이를 찾는 이런 방식에는 단점이 있다. 범위가 별로 넓지 않다. 발신자는 초음파로 언제나 좁은 영역만 탐색할 수 있다. 예를 들어, 밤나방은 안테나로 박쥐 소리를 감지하고, 바닥으로 내려앉음으로써 쉽게 박쥐의 레이더망을 피한다. 그래서 바바스텔박쥐(Barbastella barbastellus)는 먹잇감의 좋은 청력을 고려하여, 먹잇감 근처에서는 아주 작은 소리를 보내 먹잇감이 천적의 접근을 눈치채지 못하게 한다. 다음의 이야기에서 알 수 있듯이, 사냥할 때 소리를 줄이는 것은 들키지 않고 먹잇감에 접근하기 위한 여러 전술 중 하나에 불과하다.

때로는 정말로 침묵이 금이다

캐나다와 미국에 인접한 북동태평양에서 서로 다른 행동 패턴을 보이는 범고래(Orcinus orca) 두 유형이 발견되었다. 한 유형은 '정착자'라고 불린다. 정착자는 동료들과 무리를 지어 살고 연어를 아주 좋아한다. 다른 한 유형은 '단기체류자'라 불린다. 단기체류자는 연어에 별다른 관심이 없고, 오히려 물개, 바다사자, 돌고래 같은 따뜻한 피를 가진 먹잇감을 더 좋아한다. 두 유형 모두 사냥과 방향 설정을 위해 짧게 끊어지는 빠른 연속음의 초음파를 이용할 뿐 아니라, 동료와 소통하기 위해 휘파람 소리와 세게 내뱉는 외침도 사용한다. 캐나다

범고래(Orcinus orca)는 사냥과 방향 설정을 위해 짧게 끊어지는 빠른 연속음의 초음파를 이용할 뿐 아니라, 동료와 소통하기 위해 휘파람 소리와 세게 내뱉는 외침도 사용한다. 신체 표면의 흑백 얼룩무늬가 저마다 독특하여 각각을 구별할 수 있다. 그림은 수컷(위)과 암컷(아래)이다.

서해안에 자리한 빅토리아대학 연구진이 해저실험에서 확인한 바에 따르면, 물개를 좋아하는 단기체류자 범고래는 연어를 좋아하는 정착자 범고래보다 소통을 적게 한다. 단기체류자는 수면에서 동료들과 함께 있을 때 그리고 더욱 흥미롭게도 사냥에 성공한 뒤에만 정착자만큼 크게 외치며 소통한다. 돌고래나 바다사자 같은 단기체류자의 먹잇감들은 이들의 외침을 수 킬로미터 떨어진 곳에서도 들을 수 있다. 그러므로 "말은 은이요, 침묵은 금이다"라는 격언은 단기체류자의 사냥에서 정확히 적용되는 것 같다. 단기체류자의 경우, 침묵해야 먹잇감을 잡을 기회가 생기기 때문이다. 사냥이 성공적으로 마무리되면, 단기체류자는 다시 동료들과 큰소리로 소통한다. 반면 정착자 범고래는 연어를 주로 사냥하는데, 연어는 청력이 좋지 않아 범고래의 외침을 듣지 못한다.

돌고래는 협동하여 물고기를 잡는다:
그리고 서로 이름을 부른다

돌고래는 범고래의 외침을 들을 수 있을 뿐 아니라, 먹이를 찾기 위해 직접 소리 정보를 보내고 동료들과 서로 소통할 수도 있다. 그들의 먹잇감은 초음파로 찾아낼 수 있는 대규모 물고기 떼다. 큰돌고래(Tursiops truncatus)는 사냥 기술이 다양한데, 그중 하나가 인간과의 협동이다. 브라질의 라구나에서 큰고래 55마리가 동시에 물고기 떼를 해변 쪽으로 몰면, 그 지역 어부들이 양팔 벌려 물고기를 잡는다. 어부들은 큰돌고래가 물고기 떼를 몰고 올 때까지 끈기 있게 기다린다. 어부들은 허리까지 오는 물속에 촘촘히 줄지어 서서 그물을 들고 꼼짝하지 않고 기다린다. 큰돌고래는 머리와 지느러미를 움직여 어부들에게 그물을 던질 장소와 타이밍을 알려준다. 그러면 어부들은 큰돌고래의 도움에 대한 답례로, 그물에서 빠져나간 작은 물고기들을 그대로 두어 협조자들이 잡아먹을 수 있게 한다. 생후 4개월 된 어린 돌고래가 벌써 이런 독특한 사냥에 동참하고, 인간과 소통하는 법도 이미 배웠다.

그런데 이 큰돌고래들은 어떻게 서로를 알아보고 협동할 수 있을까? 그들도 우리처럼 서로 이름을 부를까? 스코틀랜드 세인트앤드류대학의 연구진이 바로 이 질문의 답을 알아냈다. 돌고래가 정말로 서로 이름을 붙이고 그것을 사용한다! 돌고래는 최대 20킬로미터까지 울리는 고음과 휘파람 소리로 동료의 이름을 부른다. 또한, 모두가 각각 다른 고유한 소리를 낸다!

기생충: 받는 건 잘하고, 주는 건 못한다

이제 완전히 다른 이야기로 넘어가자. 기생충과 숙주의 세계로!

기생충은 다른 생명체, 그러니까 숙주의 몸속에 혹은 표면에 사는 생명체이다. 숙주는 대개 기생충보다 더 크고, 기생충에게 숙주는 집이자 식량창고이다. 기생충은 숙주에게서 많은 이득을 취한다. 예를 들어, 숙주의 피를 빨아먹거나 숙주의 신체기관에서 편히 먹고 마신다. 기생충은 기본적으로 숙주의 생명을 위협하지 않는다. 그러나 여기에서도 "용량이 독을 만든다"는 옛 격언이 적용된다. 숙주와 기생충의 상호작용 사례는 끝도 없이 많지만, 내가 대학 시절에 만난 한 사례가 특히 강한 인상을 남겼다. 작은 거머리인 간흡충(Dicrocoelium dendriticum) 이야기다. 이 동물은 피를 빨아먹는 흡충으로, 신체 구멍이 입 하나뿐인 아주 단순한 신체 구조를 가졌다. 그의 입은 또한 숙주의 몸에 자리를 잡기 위한 가장 중요한 도구이기도 하다. 입이 빨판 구실을 하기 때문이다. 설명은 이 정도면 충분하다. 이제 작은 거머리에 관한 이야기를 들려주겠다.

떠돌이 거머리

옛날 옛날 한 옛날에 간흡충이라는 작은 거머리가 살았다. 이 거머리는 양, 염소, 토끼, 산토끼 혹은 개의 쓸개관 안에서 안락하게 지냈다. 부족한 것 없이 모든 게 흡족하면, 작은 거머리는 부지런히 알을 낳는다. 숙주가 대장을 비울 때, 이 알들은 쓸개즙에 섞여 그들의 따뜻하고 안락한 보금자리를 떠난다. 양의 똥 1그램 안에 간흡충 알이 최대 5,000개나 있을 수 있다. 이 알들은 큰 포부를 안고 세계를 탐험하고자 한다! 어미 거머리는 당연히 새끼들을 거친 세계로부터 보호하고 겨울에도 너끈히 버틸 수 있게 하기 위해 따뜻하고 안전하게 입혀서 내보낸다. 알들은 그렇게 세계로 나가 곳곳에서 기다리고 기다리고 또 기다린다. 도대체 뭘 기다릴까? 그들은 달팽이, 더 정확히 말하면 육산달팽이라는 무임승차기회를 기다린다. 이 달팽이는 음식을 찾느라 혀로 땅을 훑는다. 그러다 어느 재수 없는 날에 달팽이는 간흡충의 알이 붙어 있는 풀을 만난다. 그렇게 흡충의 알이 달팽이의 몸 안에 도달한다.

이 알들 안에는 미라시듐(miracidium)이라는 비밀이 숨어 있다. 미라시듐은 간흡충의 새끼로, 일종의 사춘기처럼 성충이 되기 이전단계의 간흡충이다. 달팽이의 장에서 미라시듐이 알에서 부화하고, 피부 비슷한 구조로 자신을 감싸 숙주의 영향으로부터 자신을 잘 보호한다. 세포로 이루어진 이런 외투의 도움으로 미라시듐은 1차 포자낭으로 변신한다. 이것이 분열하여 딸세포, 즉 2차 포자낭이 생겨난다. 이것이 다시 분열하면 우리의 간흡충은 다시 새로운 정체성을 가져, 이제 세르카리아(Cercaria, 꼬리가 있는 유충)라 불린다. 세르카리아는 이후 서너 달 동안 달팽이 몸 안에서 아주 아주 행복하게 산다. 잠깐! 아직 이야기가 끝나지 않았다.

우리는 아직 성충에 도달하지 못했다. 세르카리아는 아직 유충이다. 이 유충이 마침내 어른이 되면, 이들은 곧 방랑을 꿈꾸고 결국 길을 나선다. 목적지는 췌장을 중간거점으로 하는 달팽이의 호흡기이다. 세르카리아는 작은 등반가처럼 갈

고리를 이용해 달팽이의 호흡기를 기어오르고, 그러는 동안 달팽이는 아무것도 모른다. 세르카리아가 마침내 목적지에 도달하면, 달팽이는 그제야 불청객을 알아차린다. 달팽이는 달갑지 않은 손님을 내쫓기 위해 점액을 생산한다. 이제 2밀리미터 크기의 점액 덩어리에 세르카리아 400마리가 여행 준비를 마치고 출발을 기다리고 있다. 세르카리아는 점액 덩어리와 함께 달팽이를 떠난다. 이제 서둘러야만 한다. 바깥 세계에서 버틸 수 있는 시간이 단 며칠밖에 안 되기 때문이다. 이제 점액 덩어리는 풀밭에 널브러져 있고 (당신이 벌써 예상하는 것처럼) 세르카리아는 다음 숙주만을 오매불망 기다리고 있다. 이런 점액 덩어리는 개미들이 좋아하는 간식이다. 그러나 길에서 공짜로 얻은 '패스트푸드'라도 대가를 치르게 되어 있다!

개미가 점액 트로이 목마를 맛있게 먹는 순간, 때는 이미 늦었다. 작은 간흡충의 세르카리아는 이미 목적지에 도착했다! 그들은 개미의 몸 안에서 편히 자리를 잡고 한두 달 정도 지내면서 메타세르카리아라는 다음 단계로 발달한다. 그러나 몇몇 세르카리아는 가만히 있지 못하고 개미 안에서 탐색 여행을 한다. 그들은 위장에서 나와 머리 쪽으로 이동한다. 그들의 목적지는 개미의 식도 아래 신경계에 있는 세포 매듭, 즉 신경 결절이다. 이 신경 결절은 개미의 주둥이를 조종한다. 당신은 어쩌면 이제 무엇이 올지 이미 알 터이다. 간흡충의 유충이 개미의 '주둥이' 조종센터를 장악하여 개미를 노예로 만든다. 세르카리아의 조종으로 개미의 행동이 바뀐다. 일반적으로 개미들은 저녁에 기온이 15도 이하로 떨어지면 곧바로 개미굴로 돌아간다. 그러나 세르카리아에 점령된 개미는 집으로 돌아갈 생각을 전혀 하지 않는다. 그 대신에 그들은 가까운 풀 위로 올라가 끄트머리를 세게 물고 있다. 그들은 이렇게 하지 않을 방도가 없고, 다음 날 아침까지 풀 끄트머리에 매달려 그들의 운명을 기다릴 수밖에 없다. 낮에 기온이 다시 오르면, 개미는 다시 주둥이의 힘을 풀고 풀에서 내려와 그들의 일을 계속한다. 마치 아무 일도 없었던 것처럼.

그러나 이것은 개미가 다음 날 아침을 맞을 수 있어야 생기는 일이다. 그들이 풀을 꽉 물고 매달려 있는 동안 가까이 있는 양이 그 풀을 뜯어 먹을 수 있고 그러면 개미는 역사의 뒤안길로 사라지고 만다. 그러면 작은 간흡충의 유충은 개미와 함께 양, 소 혹은 말의 몸 안으로 들어간다. 여기에서 순환이 끝난다. 개미 안에 있던 메타세르카리아는 마지막 숙주의 쓸개관에 자리를 잡고 그곳에서 간흡충으로 성장한다. 어른이 된 이 간흡충이 알을 낳자마자 전체 이야기가 처음부터 다시 시작된다!

간흡충의 알이 여행을 시작하여 다시 원점으로 올 때까지 총 6개월이 지났다. 이 작은 기생충의 이야기는 의사소통 과정이 시기별로 아주 정확히 정해져서 거의 마법처럼 보인다. 작은 간흡충이 생존하려면 그렇게 많은 조건과 상황이 필요하다. 그리고 이 작은 간흡충은 그걸 해낸다!

언제 어디에서 뭐가 튀어나올지 모른다

당신은 지금 무엇에 주의를 기울이고 있는가? 이 책을 읽는 것에? 아니면 오늘 저녁에 뭘 먹을지 혹은 내일 있을 회의를 걱정하나? 아니면 벌써 주말계획? 뭔가 들킨 기분이 들더라도 너무 부끄러워할 필요 없다. 문득문득 딴생각에 빠져 끊임없이 자기 자신과 대화하는 것은 인간의 힘으로 어찌할 수 없는 영역의 일이다. 그래서 어떤 사람들은 딴생각에 빠진 채 거리를 걷다가 간판에 부딪히거나 사람들을 못 보고 그냥 지나친다. 그러나 거친 대자연에서는, "연결이 되지 않아 소리샘으로 연결됩니다"의 상태가 순식간에 "지금 거신 번호는 없는 번호입니다" 상태로 바뀐다.

관점을 바꿔 보자. 먹이사슬에서 인간보다 몇 단계 아래에 있는 피식자의 입장이 되어보자. 우리는 사방에 위험이 도사리고 있는 세계에 도달했다. 이곳에서는 다음 순간에 살아

있을지 죽을지 전혀 모른다! 먹잇감의 시각에서 의사소통을
보자!

스펀지밥의 진실

〈네모바지 스펀지밥(SpongeBob SquarePants)〉이라는 미국
만화가 있다. 이 만화의 주인공은 바다에 사는 스펀지이다.
독일에서는 이 만화의 제목을 '스펀지머리 스펀지밥'이라고
지었는데, 불행히도 별로 좋지 않은 작명이다. 이 제목이 시
청자들을 혼란에 빠트리기 때문이다. 바다에 서식하는 스펀
지, 그러니까 해면동물은 무척추동물이고 머리가 없다! 게다
가 이 만화주인공은 셔츠 깃에 넥타이를 매고, 파인애플 집에
산다. 그러나 머리에 비교하면 셔츠 깃과 넥타이는 완전히 잘
못된 건 아니다. 진짜 해면동물도 깃세포(Choanocytes)를 가
졌고, 이 세포의 도움으로 물에서 해조류를 잡아먹기 때문이
다. 스펀지밥은 파인애플 집에 살지만, 대자연에 사는 해면동
물은 산호초 숲에 사는 걸 더 좋아한다. 또한 해면동물은 주
변을 돌아다니지 않고 한 자리에 정착해서 산다. 그들은 식물
과 버섯 비슷하게 적으로부터 도망칠 수 없고, 그래서 용감하
게 적을 맞아야 한다.

언뜻 보기에 이 작은 스펀지는 전혀 위험해 보이지 않는다.
그러나 그들은 천적 앞에 결코 무방비로 있지 않다. 우선 대

다수 해면동물은 신체 일부이기도 한 석회질 가시로 온몸이 뒤덮여 있다. 포식자는 이 가시를 소화할 수 없다. 하기야 누가 이쑤시개를 먹고 싶겠는가? 해면동물의 가시가 클수록 블루헤드놀래기(Thalassoma bifasciatum) 같은 큰 포식자조차 쉽게 스펀지에 접근하지 못한다. 게다가 이 작은 해면동물은 화학무기도 쓴다. 독물질을 방출하여 적의 접근을 막는다. 조금만 더 바닷속에 머물며 조개와 달팽이 같은 연체동물을 방문해보자.

달팽이를 핥지 마라

달팽이 이외에 모든 조개와 오징어도 연체동물에 속한다. 대다수 연체동물은 몸을 숨길 수 있는 집을 가지고 다니고, 물에 산다.

"달팽이를 핥지 마라."

집이 없는 민달팽이를 노리는 생명체가 새겨들어야 하는 조언이다. 민달팽이의 표면에 있는 점액은 두 가지 기능을 한다. 그것은 물리적 공격에 대한 방패 구실을 하면서 동시에 '화학무기'로도 쓰인다. 다양한 방어 수단에도 불구하고 연체동물은 수많은 포식자에게 인기 있는 먹잇감이다. 잘 알려졌듯이, 그들은 결코 빠른 동물이 아니기 때문이다.

과학자들은 가리비(Pecten jacobaeus)를 통해 느린 연체동물도 도망칠 수 있음을 확인했다. 가리비의 대표적인 천적은 육식성 불가사리(Asterias rubens)이다. 생물학자들이 육식성 불가사리 추출물을 물에 넣자, 가리비가 갑자기 진짜 적이 공격했을 때처럼 반응했다. 그들은 집에 몸을 숨기고 문을 꽉 잠그거나, 큰 점프와 빠른 헤엄 동작으로 먼지를 일으켰다. 반면, 가리비에게 해롭지 않은 불가사리종의 추출물을 넣으면, 가리비는 별다른 반응을 보이지 않았다.

달팽이는 천적인 게가 나타나면, 전혀 다른 생존 기술을 쓴다. 게는 그들의 집게로 조개와 달팽이를 움켜쥐고 연한 속살을 빼먹을 수 있다. 그러므로 연체동물은 게들을 특별히 조심해야 한다. 사냥 중인 게는 냄새로 존재를 폭로한다. 그래서 달팽이는 멀리에서 벌써 적의 존재를 감지하고, 먹기를 중단하고 적의 공격에 대비한다. 여러 달 진행된 행동실험에서 확인되었듯이, 홍합(Mytilus edulis)과 총알고둥(Littorina obtusata)은 포식자 게의 냄새 물질에 반응하여 심지어 껍질을 더 두껍게 보강한다. 배설물이 정체를 계속 폭로한다면, 게는 과연 사냥에 성공할 수 있을까? 사냥꾼도 이런 상황에 적응하여, 냄새 방출을 줄임으로써 폭로성 정보를 덜 보낼 거라고, 생물학자들은 추측한다.

토끼가 겁쟁이라고? 바다토끼는 아니다!

연체동물의 방어 전략에 잠시 더 머물자. 신경생물학자들의 인기 연구대상으로 앞에서 소개했던 '바다토끼'라 불리는 군소를 기억할 것이다. 이들이 '바다토끼'라는 별명을 얻은 이유는 머리에 달린 촉수 비슷한 돌기 때문인데, 그 모양이 쫑긋 세운 토끼 귀를 닮았다. 머리에 달린 이 후각돌기(rhinophore)로 바다토끼는 물의 움직임을 감지할 수 있다. 또한 이 후각돌기는 화학물질을 수용하는 특별 수용체로서, 많은 연체동물이 그러하듯 동료와 소통할 때 사용된다. 그래서 바다토끼는 행동생물학자에게도 특히 흥미로운 연구대상이다.

예를 들어, 캘리포니아 바다토끼(Aplysia californica)를 비롯한 몇몇 종은 달갑지 않은 손님을 떨쳐내기 위해 안개 전술을 쓴다. 공격자가 접근하면, 군소는 보라색 잉크를 대량으로 쏜다. 이 강렬한 보라 구름은 공격자의 감각기관을 가리는 안개 구실을 할 뿐만 아니라, 동료들에게 경보 신호가 되기도 한다. 위험이 닥쳤다!

아무튼, 이 연체동물은 보라색 잉크의 원료를 그들의 먹이인 홍조류에서 얻는다. 그들은 또한 홍조류와 함께 독 물질도 섭취한다. 이것이 바다토끼의 피부에 쌓이고 물고기나 새 같은 천적의 식욕을 떨어트린다. 이런 최적의 조건을 갖춘 바다토끼는 겁쟁이가 될 필요가 없다!

곤충의 화학무기

우리는 푸른 초원에서 피크닉을 즐기다 종종 경험한다. 연체동물만 방어를 위해 화학물질을 사용하는 게 아니라는 걸 말이다. 아름다운 어느 여름날, 넓게 펼친 담요 위에 맛있는 음식이 차려져 있다. 모든 것이 평화로워 보인다. 그때 뭔가가 눈에 들어온다. 개미 한 마리, 두 마리, 세 마리. 잠시 후 떼로 몰려든다! 개미굴 근처에 담요를 펼쳤으니, 이제 당신은 말 그대로 개미 왕국의 최대 적이다. 개미들은 당신을 싫어하고, 당신은 개미산에서 그것을 감지하게 된다. 개미산은 즉시 효력을 내고, 당신은 "징글징글한 개미 새끼들"을 욕할 새도 없이 서둘러 담요를 걷는다.

개미산은 메탄산이라고도 불리는데, 작은 곤충들이 큰 적을 방어할 때 주로 쓰지만, 쐐기풀 역시 개미산을 이용해 적을 방어한다. 그래서 이 풀에 닿으면, 피부가 몹시 따끔거린다. 그러나 우리는 개미산을 또한 요긴하게 쓴다. 술 생산에 쓰고, 포도주 및 맥주 통을 소독하는 데도 사용한다. 또한 개미산은 과일주스나 크리스마스쿠키에 혼합되어 제품을 오랫동안 신선하게 유지하는 방부제 구실을 하기도 한다. 이때는 개미산을 'E236'이라는 약자로 표기한다. 의학박사 크리스토프 기르탄너(Christoph Girtanner)가 1795년에 작성한 역사적 문서가 인상적으로 묘사한 것처럼, 예전에는 실제로 개미에게서 개미산을 얻었다.

"개미산은 홍개미(Formica rufa)를 증류하여 얻는다. 홍개미를 약불로 끓이면, 증류 용기 안에 개미산이 모인다. 그것은 개미 무게의 약 절반에 해당한다. 혹은 개미를 찬물에 씻은 후 천을 덮은 후 끓는 물을 그 위에 붓는다. 그다음 개미를 부드럽게 눌러 짜면 산성이 점점 강해진다. 반복 증류하여 산을 정제한 후 냉각시켜 농축한다. 더 좋은 방법도 있다. 개미를 모은 다음 물 없이 그냥 짠 후, 거기서 나온 산을 증류한다."

시대가 변했으니, 개미들에게는 얼마나 다행인가!

폭탄으로 무장한 딱정벌레

생존 전투에서 방어에 화학무기를 쓰는 또 다른 사례는 딱정벌레과에 속하는 폭탄먼지벌레 이야기이다. 폭탄먼지벌레는 개미 같은 천적의 위협을 받으면, 주저 없이 전쟁을 선포한다. 방어에 돌입한 딱정벌레는 적을 쫓아내기 위해 적의 '얼굴' 한복판에 독가스를 쏜다. 이때 그들은 독일군이 2차 세계대전에서 'Fieseler Fi 103'이라는 폭탄 드론을 띄우기 위해 사용했던 것과 비슷한 기술을 쓴다. 분비샘, 수집주머니, 폭발실. 폭탄 제조에 필요한 모든 것이 폭탄먼지벌레의 꽁무니에 있다. 폭탄먼지벌레는 폭탄 발사 때 몸이 공중으로 내동댕이쳐지지 않으려면 정확한 타이밍에 폭탄을 터트려야 한다.

그러기 위해 이 딱정벌레는 폭발성 화학물질이 들어 있는 수집주머니에 반응점화물질을 발사 직전에 넣는다. 반응이 일단 시작되면, 열과 고압 형식의 강한 에너지가 방출된다. 열과 고압의 조합은 두 배로 효과적이다. 고압은 100도나 되는 뜨거운 혼합물을 커다란 '펑' 소리와 함께 공격자에게 세차게 던진다. 폭탄먼지벌레는 꽁무니를 아주 유연하게 움직일 수 있어서 꽁무니를 적에게 겨누고 발사하기 위해 굳이 몸을 돌리지 않아도 된다. 폭탄먼지벌레는 언제나 화약의 일부만 사용하여 폭탄을 발사한다. 그래서 아프리카 케냐에 서식하는 황소눈딱정벌레(Stenaptinus insignis)는 특히 재빠르게 재장전하여 초당 최대 500발을 발사할 수 있다.

수많은 악취벌레 역시 위협을 받는 즉시, 웃음기 없이 정색하고 방어한다. 뿔노린재(Acanthosoma haemorrhoidale)는 독이 없다. 그래서 이론상으로 건강에 좋은 맛있는 먹잇감이다. 그러나 그들은 역겨운 냄새를 뿜어내 공격자를 멀리 떨어트려 놓는다. 이 악취 물질은 효과가 아주 좋아서, 새들조차 자기들보다 훨씬 작은 벌레에 감히 접근하지 못한다.

모든 두꺼비를 자빠뜨리는 방어 요가

많은 동물이 적을 방어하는 데 시각 정보를 이용한다. 우리 인간도 이런 방어 신호를 이해한다. 당신은 이빨을 드러낸 늑대나 등을 잔뜩 올리고 털을 곤두세운 고양이 혹은 두 발로 꼿꼿이 선 곰에게 아무렇지 않게 다가갈 수 있겠는가? 양서류에 속하는 두꺼비가 특히 흥미로운 위협 기술을 사용하는데, 그들은 색상과 자세를 조합한다. 노란배두꺼비(Bombina variegata)와 빨간배두꺼비(Bombina bombina)는 작은 물웅덩이에 살고, 노란색 배와 빨간색 배 때문에 그런 이름이 지어졌다. 이들은 위험이 닥치면 이른바 '두꺼비 반응'을 보인다. 등을 대고 누운 뒤 배를 잔뜩 내밀어 강렬한 색상 대비를 강조한다. 이런 '두꺼비 반응'은 또한 보트 자세라고도 불리는데, 정말로 요가의 '보트 자세'와 흡사하다. 나는 긴장을 풀기 위해 이 요가 자세를 취하지만, 두꺼비는 전혀 다른 목적으로 보트 자세를 취한다. 이 동물은 이런 특이한 자세로 공격자에게 경고를 보낸다. 두꺼비 피부의 점액에는 독이 있기 때문이다! 무엇보다 포유동물은 강렬한 색상 대비와 특이한 자세로 조합된 시각적 경고 이외에 위협적인 씩씩 혹은 으르렁 같은 청각적 경고를 더한다. 다양한 소통 채널의 조합이 메시지를 강조하고 명확히 한다. 물러서! 더는 다가오지 마!

할 수 있다면 비명을 질러라

포유동물과 새들은 공격자를 쫓아내고 동료에게 위험을 알리기 위해 청각 정보를 이용한다. 우리가 숲에 한 발을 들여놓기도 전에 숲 거주자들은 이미 우리의 존재를 감지한다. 어치의 울음소리가 숲에 울려 퍼지고 모두가 경계태세를 취한다. 외침의 종류에 따라 전달되는 정보가 다르다. 땅다람쥐 혹은 마멋 같은 다람쥐과 동물의 경우, 경고의 외침이 위험 상황의 심각성 정도를 알려준다. 예를 들어, 벨딩땅다람쥐 (Spermophilus beldingi)의 찍찍 소리는 동료를 위한 신호이다. 적의 위협이 코앞에 있고 상황이 언제든지 급속도로 더 나빠질 수 있음을 알린다. 반면 벨딩땅다람쥐가 드드득 소리를 보내면, 이것은 그저 조심하라는 신호로 패닉에 빠질 필요는 없다는 뜻이다.

아프리카에 서식하는 미어캣(Suricata suricatta)의 청각 신호는 사태의 심각성 정도뿐만 아니라, 공격자가 어떤 동물인지도 알린다. 미어캣을 노리는 포식자는 하늘에도 땅에도 아주 많다. 그러므로 미어캣이 이런 수많은 위험에 대비하여 다양한 청각 신호를 사용하는 것은 당연하다. 잔점배무늬독수리 (Polemaetus bellicosus)의 공습을 알리는 경보 외침과 검은등자칼(Canis mesomelas)의 공격을 알리는 경보 외침은 다르다. 또한, 코브라(Naja nivea) 같은 뱀의 등장에 대한 경보 외침도 다르다. 아무튼, 뱀이 내는 소리는 미어캣의 '언어'에서 여러 의미로 해석된다. 또한 미어캣은 낯선 공격자의 똥, 오줌, 털 같은 흔적을 근처에서 발견하면 그것도 동료에게 알릴 수 있다. 같은 집단에 속하지 않는 다른 미어캣 역시 낯선 공격자에 속한다.

그리벳원숭이(Chlorocebus aethiops) 같은 긴꼬리원숭이는 다양한 위험에 따라 다른 경보 외침을 보낸다. 예를 들어, '공습'에 대한 외침은 고개를 들어 위험을 주시하며 언제든 덤불 쪽으로 도망쳐 몸을 숨길 준비를 하라는 신호이다.

살기 위한 거짓말

"사랑과 전쟁에서는 모든 것이 허용된다."

이 격언은 포식자와 피식자의 관계에도 적용되는 것 같다. 속임수로 목숨을 구할 수 있다면, 죽음의 위기에서 진실을 버리지 않을 자 누구겠는가? 허위 사실로 상대를 속이는 대표적인 사례가 꽃등에이다. 원래는 전혀 해롭지 않은 곤충이 독을 가진 말벌이나 꿀벌인 척 위장하고 빠른 날갯짓으로 적의 코 앞을 과감하게 날아다닌다. 꽃등에는, "꺼져, 나한테는 독이 있어!"라고 천적에게 신호를 보내는 벌의 시각 정보를 흉내 낸다. 그러나 종에 따라 이런 의태 능력이 다르다. 큰 꽃등에종은 독을 가진 롤모델을 완벽하게 흉내 내지만, 작은 꽃등에종은 그다지 정확히 흉내 내지 못해 그저 '싸구려 짝퉁'에 머문다. 이렇게 모방 능력에 차이가 생긴 까닭은 포식자가 '살찐 먹잇감', 그러니까 덩치가 큰 놈을 먼저 노리고 공격하기 때문이다. 잡아먹힐 위험이 상대적으로 낮은 작은 꽃등에 종은 굳이 완벽하게 위장하여 적을 혼동시킬 필요성 또한 낮다.

오퍼섬주머니쥐 역시 혼동 전술을 쓴다. 그들은 죽은 척하기 전술을 쓰는데, 이것 역시 기본적으로 목숨을 구하기 위한 속임수 전술이다. 대다수 포식자는 버둥거리는 먹잇감에만 반응하고, 죽은 동물은 그냥 내버려둔다. 오퍼섬주머니쥐는 포유동물로, 이런 생존 전술을 특히 인상 깊게 자유자재로 쓴다.

오퍼섬주머니쥐는 미국에 사는 쥐로, 오스트레일리아에 사는 포섬주머니쥐와는 다르다. 북아메리카에 사는 고양이만 한 남방주머니쥐(Didelphis marsupialis)는 포식자에게 물려 진짜 위험에 처하면, 죽은 척한다. 눈을 뜬 채 몸을 잔뜩 웅크리고 혀를 내민다. 이 주머니쥐는 이 상태로 몇 시간이고 꼼짝 않고 버틸 수 있다. 위험이 지나가면, 가짜 죽음에서 살아나 아무 일도 없었던 것처럼 가던 길을 계속 간다. 이 특이한 오퍼섬 전술은 심지어 영어권에서 'Playing Possum'이라는 표현을 낳았고 이것은 '죽은 척'이라는 뜻으로 사용된다. 우리 인간도 확실히 이런저런 상황에서 오퍼섬 전술을 쓴다. 그래서 우리는 종종 차라리 죽은 듯이 있다.

애초에 눈에 띄지 않는 게 최고다

능동적인 방어 전술은 자신을 방어하는 한 가지 수단이긴

하지만, 종종 너무 늦게 써서 포식자에게 먹히고 만다. 그러므로 주변환경에 맞춰 잘 위장하여 애초에 눈에 띄지 않는 게 최고다. 이것은 오퍼섬주머니쥐에게만 해당하는 조언이 아니다. 나는 동물의 색상 혼합 능력에 언제나 예외 없이 감탄한다. 특히 파충류, 양서류, 어류는 위장의 대가들로, 마치 주변의 일부인 것처럼 주변 색상과 완벽하게 맞춘다. 이렇게 자신의 생활환경을 모방하는 것을 '의태'라고 부른다. 색상과 형태에 움직임까지 더하면 의태는 완벽해진다.

카멜레온의 급작스러운 움찔움찔 움직임이 언뜻 특이한 춤처럼 보이지만, 그의 생활환경에서 이런 시각 정보는 절대적으로 중요하다. 헤라클레스장수풍뎅이(Dynastes hercules)는 동물이 얼마나 빨리 색상을 바꿔 주변과 하나로 녹아들 수 있는지를 보여주는 또 다른 예이다. 햇살이 비추는 한, 최대 17센티미터나 되는 큰 장수풍뎅이는 초록색이다. 그래서 아메리카 숲 환경과 가장 잘 맞는다. 비가 오기 시작하면, 신체 표면에 있는 작은 기관이 물을 흡수하여 형태를 바꾼다. 그 결과 이 작은 기관은 빛을 다르게 굴절시키고 이제 다른 파장을 반사한다. 그래서 헤라클레스장수풍뎅이의 색상이 초록에서 검정으로 바뀐다. 헤라클레스장수풍뎅이는 왜 색상을 바꿀까? 햇살이 비추는 동안 그의 생활환경인 숲은 아름다운 초록색이다. 그러나 구름이 끼면, 숲은 어두워지고 그래서 헤라클레스장수풍뎅이의 색도 어두워진다. 개구리가 날씨를 예보한다지만, 아마 이 장수풍뎅이의 일기예보가 더 확실할 것이다!

'먹고 먹히는' 주제에 관한 마지막 이야기는 우리를 아메리카대륙에서 다시 독일의 킬에 있는 헬름홀츠 해양과학연구소로 데려간다.

왜 문어는 넙치가 되려 할까

해양과학연구소의 거대한 수조 안에는 새끼 넙치들이 조그마한 방귀방석처럼 바닥에 깔려 있다. 나와 같은 길을 걷는 한 친구가 박사 논문을 쓰기 위해 이곳 멀리 독일 북부까지 왔고, 나는 그 친구를 보러 이곳까지 왔다. 우리는 항구 쪽으로 나가기로 했고, 막 길을 나서려는데, 친구가 나를 향해 외쳤다.

"잠깐만, 물고기 밥만 얼른 주고 올게."

나는 생물학자로서 친구의 연구대상, 그러니까 라틴어 학명이 'Scophthalmus maximus'인 대문짝넙치에 호기심이 생겼다. 이때까지 나는 이 물고기 종을 그저 요리되어 접시에 담긴 모습으로만 볼 수 있었다. 넙치는 아주 특이한 체형을 가졌다. 그래서 넙치를 보고 있노라면 금세 목덜미가 뻐근하다. 눈 두 개가 모두 얼굴 왼쪽에 몰려 있고, 한쪽 면 전체를

대문짝넙치의 두 눈은 모두 얼굴 왼쪽에 몰려 있고, 몸의 한쪽 면 전체를 바닥에 대고 누워 있다. 이 물고기의 색상은 모래가 깔린 바다 밑바닥 환경과 완벽하게 일치한다.

바닥에 대고 늘 누워 있다. 위를 향한 왼쪽 면은 그 색상이 마치 작은 돌멩이를 뿌려놓은 것처럼 보인다. 그래서 독일에서는 이 물고기를 또한 돌멩이넙치라고도 부른다. 대문짝넙치의 이런 생김새는 모래가 깔린 바다 밑바닥과 아주 흡사하고 그래서 포식자의 눈에 띄지 않는다.

넙치에게 도움이 되는 것은 카리브해의 긴팔문어(Macrotri-topus defilippi)에게도 유용하다. 한 연구진이 해저에 사는 이 문어들을 촬영했는데, 이들은 넙치처럼 보일 뿐만 아니라 넙치처럼 행동했다. 긴팔문어들은 바다 밑바닥에 붙어서 헤엄치고, 다리 여덟 개를 뒤로 '곧게' 펴서 살랑살랑 흔들었다. 이 문어들도 넙치처럼 움찔움찔 급작스러운 동작으로만 전진하는데, 어떨 때는 진짜 넙치보다 더 넙치 같다. 물론, 앞 쪽의 그림은 '진짜' 넙치를 그린 것이다.

이쪽으로 올래 아니면 내가 그쪽으로 갈까?

여자는 많아. 그리고 남자도!

동물의 왕국에서는 잠재 자손을 위해 처음부터 암컷이 수컷보다 훨씬 더 많이 투자한다. 암컷은 난자세포라 불리는 성세포를 생산하는데, 수량은 적지만 그 대신 아주 크다. 반면, 수컷은 다량의 정자세포를 생산하는데, 이 성세포는 그 대신에 난자세포보다 훨씬 작다. 호르몬은 성세포를 성숙하게 하고, 먹을 것이 풍부한 계절에 자손이 세상에 태어나도록 조종한다. 그래서 암컷은 대개 특정 시기에만 새끼를 밸 수 있다. 하지만 수컷은 이론적으로 언제든지 짝짓기 준비가 되어 있다. 게다가 이른바 '창조의 주인'을 자처하는 수컷은 새끼 양육에 극히 적은 시간과 에너지를 투자한다. 한 마디로 암컷에게 생식은 상대적으로 비용이 많이 드는 일이다. 우리는 벌써 남녀갈등 한복판에 들어섰다!

암컷과 수컷은 전혀 다른 두 시각으로 생식을 보고, 그 동기 또한 다르다. 암컷은 잠재 자손의 아버지를 매우 까다롭게 고른다. 그들은 제한된 수의 난자세포를 생산하고, 이것을 수정란으로 만들기 위해 당연히 '최고의' 수컷을 선택하고자 한다. 아버지가 건강하고 매력적이면, 그 자식 역시 나중의 결혼 시장에서 좋은 기회를 가질 확률이 높기 때문이다. 반면, 수컷은 자신의 성세포를 알뜰하게 아끼지 않아도 된다. 아주 많으니까! 정자세포가 더 많은 난자세포와 수정에 성공할수록 더 많은 자손을 세상에 남길 수 있다. 정자세포가 난자세포보다 훨씬 많으므로, 수컷끼리 경쟁할 수밖에 없다. 수요가 공급보다 많으니 당연한 결과다. 그래서 수컷들은 온갖 수단을 동원하여 암컷의 환심을 사려 경쟁하고 싸운다. 그러나 이때 그들은 자신이 보낸 신호가 올바른 수신자에게 도달한다고 확신할 수 있어야 한다. 그렇다면 자연의 수컷 혹은 암컷은 짝짓기를 위해 의사소통할 때, 수신자가 자신과 같은 종이고 자기가 점 찍은 상대임을 어떻게 알까?

내 편 맞아?

자, 당신은 어떤가? 당신이 양이나 염소가 아니라 사람과 관계를 맺는다는 것을 어떻게 아는가? 당신은 사람이 어떻게 생겼고 당신 역시 사람이라는 것을 과거 언젠가 배웠다. 그래서 사람을 만나면, 외형과 전형적인 움직임을 보고 사람인지 알아본다. 다른 생명체 역시 이것과 크게 다르지 않은 방식으로 동종을 알아본다.

새, 물고기, 포유동물의 구애 행동은 언뜻 보기에 그냥 마구잡이로 움직이는 것 같다. 하지만 이런 '상징언어'에는 정확한 패턴이 있다. 구애 행동의 중요한 과제는 만나야 할 짝을 만나게 하는 것이다. 수컷은 같은 종의 암컷 중에서 맘에 드는 하나를 골라 구애 행동으로 유혹하고, 그 암컷이 짝짓기에 흥미를 갖도록 특정 동작을 선보인다. 구애 행동은 동물의 종에 따라 다양하다. 예를 들어, 새는 고개를 목덜미 쪽으로 돌리고, 원숭이는 꼬리를 세우고, 물고기는 지그재그로 헤엄친다. 해마는 짝짓기 전에 먼저 '꼬리'를 세운다. 해마 연인은 꼬리 끝을 단단히 걸고 바다 밑바닥을 거닌다. '진지한 사이'라는 신호다.

이런저런 모든 구애 행동의 강도와 기간에서 수컷의 육체적 힘을 어느 정도 가늠할 수 있다. 유혹에 많은 시간을 쓸 수 있는 수컷은 먹이 구하기 혹은 적의 방어 같은 다른 일도 잘할 수 있을 터이다. 이런 멀티태스킹 능력은 암컷에게 아주 매력적으로 보이고, 진짜 이상적인 남편의 자질로 평가된다. 그러나 같은 종을 알아보는 것이 언제나 아주 간단하지만은 않다. 캘리포니아 심해오징어(Octopoteuthis deletron)의 이야기가 그것을 보여준다.

심해오징어는 닥치는 대로 다 시도한다

심해오징어 수컷은 생식에 작은 문제가 있다. 그들이 사는 바닷속 400미터 내지 800미터 깊이의 심해는 너무 깜깜해서 짝을 고를 때 시각 정보를 쓸 수가 없다. 그렇다면 수컷은 지나가는 동료 물고기의 성별을 어떻게 알까? 미국의 몬터레이베이 수족관 연구진이 이 질문의 대답을, 말 그대로 환히 밝혔다.

캘리포니아 연안의 심해오징어가 짝짓기 상대를 찾는 과정을 작은 심해 로봇이 촬영했다. 영상에서 수컷은 상대방의 성별을 알아내려 애쓰지 않았다. 그들은 촉수에 감지된 모든 짝짓기 기회를 무조건 재빨리 잡았다. 연구진은 그걸 어떻게 알았을까? 수컷 심해오징어는 짝짓기를 시도한 후, 이성의 몸에 정액 찌꺼기를 남긴다. 잠깐! 정말로 이성의 몸에만 남겼을까? 연구진은 다른 수컷의 몸에서도 이런 전형적인 정액 흔적을 발견했는데, 결코 우연이라고 볼 수 없을 만큼 빈도가 높았다.

이런 무작위 짝짓기는 자연에서 특이한 경우에 속하는데, 정자세포의 생산과 짝짓기 활동은 그 자체로도 수컷에게 비용이 드는 일이기 때문이다. 심해오징어의 사례를 본 연구진은 심해 같은 아주 극단적인 생활환경이라면 무작위 짝짓기도 그렇게 혐오스럽지 않은 것 같다고 평가했다. 고르고 어쩌고 할 시간이 없다! 800미터 심해에서는 먹이를 찾는 일뿐 아니라 적합한 짝을 발견하는 일 역시 늘 간단하지만은 않기 때문이다. 어둡고 드넓은 심해에서 두 오징어가 운 좋게 만나면, '수컷'은 상대의 성별을 알아내느라 시간을 허비할 수 없다. 특히 캘리포니아 심해오징어는 더 시간이 없다. 이들은 수명이 아주 짧고, 자손을 단 한 번만 낳을 수 있기 때문이다.

이런 무작위 짝짓기에 대한 또 다른 사례를 찾기 위해 굳이 심해까지 가지 않아도 된다. 침대벌레라고도 불리는 빈대(Cimex lectularius)의 수컷 역시 짝짓기 상대를 고르지 않는다. 이 수컷들도 밤에 우리의 침대에서 누구와 짝짓기를 했는지 그 흔적을 남긴다. 암컷의 아랫배에 살짝 볼록한 부분이 있는데, 짝짓기 때 수컷은 이곳에 성기를 찔러 넣는다. 그러면 수컷의 정액이 곧장 암컷의 몸 안에 도달한다. 이런 독특한 방식의 짝짓기 결과, 찔린 곳에 상처가 남는다. 그러나 흥미롭게도 이런 상처가 암컷의 아랫배에만 있지 않다. 수컷의 아랫배 역시 다른 수컷에 의해 이런 '상흔'을 가질 수 있다. 이것도 양성평등이라 해야 할까?

암컷이 정말로 바라는 것

암컷에게는 무작위 짝짓기라는 것이 절대 있을 수 없고, 그들에게 짝 선택은 굉장히 중요하다. 그래서 암컷은 시간을 들여 이상적인 짝을 찾는다. 수컷은 암컷의 선택을 받기 위해 먼저 자신의 능력을 보이고, 함께 낳은 자손의 좋은 아버지가 되리란 걸 입증해야 한다. 그런데 암컷은 이상적인 짝을 어떻게 알아볼까?

먼저 수컷의 외모가 중요하다. 조작하기 힘든 중요한 정보들은 대개 신체적 조건에 들어 있기 때문이다. 수컷의 덩치만으로도 건강과 힘을 가늠할 수 있다. 덩치가 큰 수컷은 테스토스테론이 많고 더 공격적이며 그래서 함께 살 '보금자리'와 장래에 태어날 새끼를 잘 보호한다. 그러므로 덩치 큰 수컷이 암컷의 선택을 받는 것은 당연하다. 덩치 이외에 깃털의 윤기, 깨끗한 털 혹은 혈색 좋은 피부는 수컷의 건강 상태가 최상이고 자기 관리를 잘한다는 표시이다.

모두가 알다시피, 우리가 아프거나 독감에 걸리면, 사람들은 우리의 창백한 코끝에서 즉시 그것을 알아차린다. 건강한 상대와 짝짓기를 하면, 자손 역시 좋은 '설계도'를 물려받아 오래 살며 성공적으로 번식할 확률이 높다. 그러나 수컷은 암컷을 유혹할 때 정직한 신호만 보내지 않는다. 시각적 도움을 위해 남의 깃털을 이용하기도 한다. 그러므로 암컷은 잠재 자손의 아버지가 어떤 자질을 갖춰야 하는지 나름의 기준이 정확히 있어야 한다. 올바른 선택을 위해 암컷은 일상에서 수컷들을 도청하기까지 한다. 예를 들어, 붉은 미국가재(Procambarus clarkii) 암컷은 암컷에게 접근하기 위해 서로 겨루는 수컷들의 결투를 유심히 지켜본다. 그런 다음 수컷들이 암컷 앞에 서서 선택을 기다리면, 암컷은 주로 결투의 승자를 선택한다.

가진 재산으로 성공하기

수많은 새와 곤충은 구애를 위해 암컷이 먹을 수 있는 것을 선물로 가져와, 자신이 좋은 먹이를 마련할 능력이 있음을 보인다. 닷거미류인 보육웹거미(Pisaura mirabilis) 수컷은 '첫 번째' 데이트 때, 예를 들어 작은 파리를 거미줄에 정성스럽게 포장하여 암컷에게 선물로 건넨다. 선물이 클수록 암컷 마음에 들 확률도 커진다. 반면 파리 선물을 준비하지 않고 빈손으로 환심을 사려 했다가는 쓴맛을 보게 된다.

덴마크 오르후스대학의 생물학자들은 행동실험을 통해 보육웹거미 암컷이 수컷의 뻔뻔한 행동에 곧바로 '사형선고'를 내리는 것을 목격했다. 암컷의 '섹스' 굶주림을 맛있는 파리로 달래주는 수컷보다 선물 없이 빈손으로 오는 수컷이 더 자주 암컷에게 잡아먹혔다. 영리한 수컷은 암컷에게 선물을 전달하고 곧바로 기절하여 죽은 척한다. 암컷이 음식 선물을 맛있게 먹기 시작하면, 수컷은 그 시간을 이용한다. 그는 죽은 척을 그만두고 재빨리 벌떡 일어나 암컷 위에 올라가 짝짓기 자세를 취한다. 수컷의 89퍼센트가 이런 기습 전술로 짝짓기에 성공한다. 아, 로맨스는 어디로 갔단 말인가!

황소개구리(Rana catesbeiana)의 사례처럼, 암컷이 그저 작은 선물에 만족하지 않을 때도 종종 있다. 암컷은 괜찮은 부동산을 가진 수컷을 원한다! 풀이 너무 빽빽하게 자라지 않는 따뜻한 물이 알을 낳아 기르기에 가장 좋은 장소다. 이곳에서 알은 가장 잘 발달하고, 동시에 독수리 같은 천적으로부터 보호된다. 그래서 이런 이상적인 장소는 수컷들 사이에 경쟁이 아주 심하고, 결국 강한 수컷만이 이런 부동산을 차지한다. 황소개구리 수컷이 미지근한 연못을 자기 땅으로 선언하면, 암컷도 오래 기다리지 않는다! 수컷은 강력한 외침으로 최대 2킬로미터 떨어진 곳의 암컷에게 자기 연못으로 오는 길을 알린다. 아무튼, 암컷을 유혹하기 위해 보내는 청각 신호에서 황소개구리라는 이름이 생겼다. 이 개구리의 울음소리는 다소 둔탁한 것이 황소의 울음소리와 비슷하다. 이름을 지어준 이 울음소리로 황소개구리 수컷은 또한 경쟁자의 접근을 막는다. 어느 누가 자신의 소중한 부동산을 경쟁자에게 뺏기고 싶겠는가?

암컷을 위한 집 짓기

바우어새 수컷 역시 멋진 부동산을 아주 잘 안다. 오스트레일리아와 뉴기니섬에 서식하는 참새목의 이 새는 수컷이 암컷을 위해 짝짓기 장소를 직접 짓고 장식하는 데서 '바우어새'라는 이름을 얻었다.*

암컷은 수컷이 준비한 집을 보고, 어떤 수컷과 짝짓기를 할지 결정한다. 그러므로 수컷이 사랑의 집을 장식하는 데 그토록 정성과 노력을 기울이는 것은 당연하다. 바우어새 수컷은 대단한 열정으로 적합한 색상의 장식물을 고른다. 붉은 열매에서 콜라캔에 이르기까지, 온갖 물건들이 동원된다. 그들은 심지어 식물을 씹어 물감을 만들고 그것을 깃털로 옮겨와 집 외벽을 '색칠'하기도 한다. 암컷은 종에 따라 좋아하는 집 색깔이 다르다. 어떤 종은 파란색에 매혹되고, 어떤 종은 초록색 혹은 붉은색 집을 더 좋아한다. 예를 들어, 오스트레일리아의 비단정원사새(Ptilonorhynchus violaceus)는 먼저 나뭇가지로 벽 두 개를 지어 마주 보게 세운다. 30센티미터 길이의 이 두 벽은 일종의 정원을 에워싸고 있고, 정원의 북쪽 끝에는 나뭇가지로 지은 플랫폼이 있다. 바우어새 수컷은 대단한 창의성을 발휘하여 이 플랫폼을 온갖 장식품으로 꾸민다. 깃

----

*bowerbird. 나무 그늘을 짓는 새 – 옮긴이.

털, 꽃, 심지어 뱀의 껍질 등으로 화려하게 치장하여 광채와 영광으로 빛나게 한다. 목표는 그 지역에서 가장 탁월한 건축가로 인정받아 최대한 많은 암컷을 집으로 '유인하여' 짝짓기를 하는 것이다. 그래서 수컷은 아주 부지런히 집을 짓고 다른 바우어새 수컷으로부터 자신의 집을 방어한다.

사랑의 보금자리 건축이 늘 공정하게 진행되는 건 아니므로 방어 역시 필요하다. 수컷들은 밤에 몰래 경쟁자의 집을 망가뜨리고 귀한 장식품을 빼앗아 자기 집을 꾸미는 데 쓴다. 회색바우어새(Ptilonorhynchus nuchalis)는 심지어 착시의 힘을 이용해 암컷의 눈에 자기 집이 더 커 보이게 한다. 그것을 위해 그들은 돌멩이나 뼈 같은 물건을 최대 수백 개를 수집하여 집 앞 정원에 아주 특정한 방식으로 배열한다. 그러나 부부가 그 집에서 오랫동안 행복하게 같이 사는 일은 없을 것이다. 짝짓기가 끝나면, 둘은 곧바로 갈라선다! 암컷은 짝짓기 후 집을 떠나 다른 곳에 자신만의 보금자리를 짓고 혼자서 새끼를 키운다.

소리가 클수록 덩치가 크다

다음 이야기의 배경 역시 오스트레일리아이다. 암컷에게 자신의 자질을 증명해 보이기 위해 청각 신호를 쓰는 동물이 많은데, 코알라(Phascolarctos cinereus)도 그중 하나다. 덩치가 큰 수컷은 유난히 깊은 저음을 보내 암컷의 관심을 끌고자 한다. 그래서 코알라 암컷은 멀리에서도 벌써 수컷의 외침을 듣고 고를 수 있는데, 기본적으로 소리를 크게 내는 수컷을 선택한다. 코알라 수컷의 외침은 생물학자에게 오랫동안 수수께끼였다. 코알라 울음소리의 깊이와 크기가 아프리카코끼리의 울음소리와 비슷한데, 코알라는 코끼리와 비슷한 성대도 후두도 없기 때문이다. 그들의 비밀은 무엇일까?

영국 서식스대학의 생물학자 데이비드 레비(David Reby)와 그의 동료 벤자민 찰튼(Benjamin Charlton)은 베를린 라이프니츠 동물연구소와 협력하여 코알라의 코에서 수수께끼의 답을 찾아냈다. 코알라의 코에 늘어진 피부가 있다. 우리 인간도 잘 아는 현상으로, 코에 늘어진 피부가 있으면 코를 골게 되어 숙면을 방해받는다. 하지만 코알라는 '연구개'라고도 불리는 이 늘어진 피부를 이용해 울음소리를 크게 키운다. 코알라는 소리를 낼 때 후두를 낮춰 연구개의 피부 주름 두 개를 팽팽하게 만든다. 이제 이 피부 주름이 단단한 성대처럼 진입하는 공기를 진동시킨다. 그 결과 10에서 60헤르츠 사이의 깊은 저음이 만들어져 아프리카코끼리 부럽지 않은 큰 소리가 난다.

청각 신호에 잠깐 더 머물되, 이제 오스트레일리아를 떠나 독일 자연으로 돌아가자. 거기에서 우리는 작은 갈색 새인 유럽자고새(Perdix perdix)를 만난다. 그들의 짝짓기 시기는 2~3월에

유럽자고새는 독일 텃새로, 그들의 짝짓기 시기는 2~3월에 시작된다. 수컷의 테스토스테론 수치가 높을수록 그들의 구애 소리는 (여기에 그려진) 암컷에게 더 끈기 있게 들린다.

시작된다. 유럽자고새 역시 발신자의 자질 정보를 어떻게 청각 신호에 담는지 보여주는 좋은 사례이다. 테스토스테론이 많은 유럽자고새 수컷은 테스토스테론 수치가 낮은 동료보다 구애 노래를 더 길게 부른다. 구애 노래가 길수록 암컷이 그것을 들을 확률이 높아지고, 또한 암컷은 긴 구애 노래를 발신자의 끈기와 힘의 증거로 평가한다. 행동실험에 따르면, 그래서 암컷은 특히 긴 구애 소리를 내는 수컷을 더 자주 선택했다.

독일 텃새에 속하는 갈대노래새(Acrocephalus schoenobaenus)는 세레나데 레퍼토리가 아주 많다. 갈대노래새는 긴 갈대 줄기를 이용해 청각 신호를 특히 멀리까지 보낼 수 있다. 갈대노래새의 세레나데는 지저귐, 휘파람, 심지어 다른 종을 흉내 낸 소리까지 합쳐진 노래다. 어떤 수컷은 특히 다양한 구절을 합쳐 아주 길고 화려한 세레나데를 부른다. 그런 뛰어난 음악성은 암컷에게 확실히 좋은 평가를 받는다. 길게 노래하는 수컷일수록 더 빨리 짝을 만난다.

"이쪽으로 올래 아니면 내가 그쪽으로 갈까?"

이렇게 묻는 동물의 의사소통 사례 중에서 대학 시절 나를 특히 매료시켰던 이야기를 이제부터 하려고 한다. 당신 역시 매료시키고 싶기 때문이다. 출발에 앞서 뭔가 먹을 것을 챙기길 바란다. 먹을 만한 것이 거의 없는 브란덴부르크 자연공원으로 갈 것이기 때문이다.

느시의 더티댄싱

나는 대학 시절에 특히 인상적인 구애 행동을 직접 볼 수 있었다. 4월 어느 날 제법 쌀쌀한 아침이었다. 그때 나는 브란덴부르크의 드넓은 고지대에서 같은 과 학생들과 함께 느시(Otis tarda)가 나타날 때를 기다리고 있었다. 느시는 멸종 위기에 있는 새로, 몸무게가 16킬로그램이나 되고, 유럽에서 아직 날 수 있는 가장 큰 새이다. 브란덴부르크 자연공원 베스트하벨란트에서 독일의 마지막 느시를 볼 수 있다.

아침 냉기 속에서 두 시간을 기다린 끝에 거의 희망을 버리려는 순간, '브란덴부르크 타조'라는 별명을 가진 새를 만났다. 갑자기 멀리에서 점 두 개가 나타났고, 거기에 정말로 느시가 있었다. 우리는 자연공원 관리자의 전문적인 동행 아래, 매년 봄에 브란덴부르크 들판에서 열리고 심지어 여행 책자에 "느시가 방귀 뀌는 곳"이라는 재미있는 글귀로 광고되는 독특한 광경을, 짝짓기 시기에 정확히 맞춰 직접 눈으로 확인하고자 했었다.

느시 수컷은 구애 동안에 날개를 휙 뒤집어 암컷에게 날개 안쪽의 새하얀 팔꿈치 깃털을 보여준다. 꼬리 밑부분의 새하얀 깃털도 밖으로 뒤집어 보여준다.

느시는 짝짓기 시기가 아닐 때는 같은 성별끼리 모여 살지만, 봄이 되면 짝짓기를 위해 암컷과 수컷이 서로를 찾는다. 선택권은 암컷에게 있다. 그래서 암컷은 수 킬로미터 멀리까지 날아가, 구애하는 수컷들 중에서 최고의 후보를 뽑는다. 암컷의 장거리 여행은 충분히 보람이 있다. 느시 수컷이 암컷을 위해 말 그대로 자신의 가장 내밀한 속을 밖으로 뒤집어 보여주기 때문이다. 수컷은 날개를 휙 돌려, 평소 회갈색 깃털에 가려져 눈에 띄지 않던 날개 안쪽의 새하얀 팔꿈치 깃털을 보여준다. 그것만으로 부족한 듯, 꼬리도 등으로 젖혀 꼬리 밑의 흰색 부분도 보여준다. 이 상태에서 수컷이 긴 수염 깃털을 꼿꼿이 세우면, 댄스 준비가 완성된다. 이제 느시 수컷은 커다란 눈덩이처럼 보이고, 이 모습은 암컷의 관심을 끌 뿐 아니라 또한 새에 관심이 많은 여러 애호가의 관심도 끈다.

수컷이 앞뒤로 움찔거리며 원을 도는 것으로 쇼가 시작된다. 자연공원 관리자의 설명대로, 구애춤을 추는 동안 느시의 심장이 말 그대로 암컷을 위해 점점 더 빨리 뛴다. 1분에 21회를 뛰던 심장이 최대 490회까지 증가할 수 있다. 수컷이 아주 이따금 소리를 내는 걸 보면, 느시의 구애는 확실히 암컷의 눈을 공략하는 것 같다. 구애 때 약간 큰 소리가 난다면, 그것은 느시 수컷이 흥분한 나머지 방귀를 뀐 탓이다. 녹음기가 증명하듯이, 느시 수컷은 정말로 구애 행동 동안 방귀를 뀐다! 방귀 세레나데라고 불러야 할까? 아니면 브란덴부르크 버전의 〈바람과 함께 사라지다〉라고 해야 할까?

암컷은 향기에 반응한다

브란덴부르크 버전의 〈바람과 함께 사라지다〉는 "야생토끼는 어떻게 서로 약속을 잡을까?"라는 의사소통 질문으로 넘어가는 좋은 연결통로이다. 야생토끼 집단의 사회구조는, 누가 언제 누구와 짝짓기를 해도 되는지를 명료하게 규정하고 엄격한 규칙을 적용한다. 서열이 가장 높은 수컷은 집단 내 모든 암컷에 접근할 수 있지만, 서열이 낮은 동물은 홀대 속에 보고만 있어야 한다.

번식기가 시작되면 똥오줌의 냄새 물질과 호르몬 합성이 달라진다. 야생토끼에게 이것은 이제 짝을 찾아 나설 때라는 신호이다. 그래서 번식기에는 공중변소의 이용이 눈에 띄게 잦아진다. 야생토끼 암컷이 한 공중변소에 들어가서 수컷의 짝짓기 의지를 조사하면, 수컷은 공중변소 메시지로 즉시 대답한다. 야생토끼 암컷만 짝을 찾기 위해 공중변소를 이용하는 건 아니다. 아라비아 가젤(Gazella arabica) 같은 가젤류 혹은 미어캣(Suricata suricatta) 같은 몽구스류 역시 공중변소를 매칭포털사이트로 이용한다.

물고기는 왜 서로를 훔쳐볼까

내 석사논문의 연구대상이었던 물고기를 아직 기억하는가? 체내수정하는 물고기 말이다. 이제 우리는 대서양 몰리나 감부시아 모기물고기 같은 열대송사리 수컷이 경쟁자를 속이기 위해 과연 '유혹 전술'을 바꾸는지 알아볼 예정이다. 물고기들은 떼를 지어 살기 때문에 '단둘이 만나' 짝을 선택하는 경우는 아주 드물다. 다른 물고기들이 늘 가까운 곳에 있고 어쩌면 짝을 선택하는 과정도 낱낱이 지켜볼 것이다.

대서양 몰리(Poecilia mexicana)는 자연에서 극히 드문 예외적인 경우로, 짝 선택권이 수컷에게 있다. 떼 지어 사는 수많은 물고기 중에서 암컷 한 마리를 고르는 일은 매우 중대한 일이고, 어떤 암컷을 선택할 것이냐도 결코 사소한 문제가 아니다. "보는 눈은 다 똑같다"는 격언은 대서양 몰리 수컷에게도 정확히 적용된다. 특히 아직 경험이 없는 수컷은 다른 수컷이 어떤 암컷을 선택하는지 잘 보고 그대로 따라 한다. 비록 경쟁이 사업에 활기를 불어넣는다지만, 수컷은 경쟁자의 이런 '훔쳐보기'에 맞서 행동방식을 바꾸는 연막전술을 쓴다.

나는 실험용 수컷에게 큰 암컷과 작은 암컷 중에서 하나를 고르게 했다. '구경꾼'이 없으면, 대다수 수컷은 큰 암컷 곁에서 더 많은 시간을 보냈다. 이것은 매우 현명한 선택인데, 큰 암컷은 난자세포를 더 많이 가졌고 그래서 작은 암컷보다 생식력이 더 좋다. 그러나 다른 수컷이 근처에서 짝 선택을 지켜보고 있으면, 실험용 수컷은 자신의 '여성 취향'을 고수하지 않는다. 짝을 고르는 수컷은 근처에서 또 다른 수컷이 지켜보고 있으면, 작은 암컷에게 더 관심을 보인다. 이 수컷은 확실히 경쟁자를 고의로 헷갈리게 하려는 것이다. 그런데 왜 그렇게 하는 걸까? 동물의 왕국에 있는 '구경꾼 효과'와 수컷이 허위 정보를 보내는 이유에 대한 이론은 다양하다. 이런 행동방식 뒤에 어떤 동기가 있는지 이해하려면, 남녀갈등을 더 자세히 살펴야 한다.

민물가재는 적에게 오줌을 눈다

수컷은 암컷의 난자세포보다 훨씬 많은 정자세포를 가지고 있고, 그래서 암컷의 난자세포를 차지하려는 결투가 벌어진다. 수컷은 암컷을 얻기 위해 모든 수단을 동원하여 시도한다. 그들은 또한 성가신 경쟁자가 그들의 쇼를 훔쳐보고 꿈의 파트너를 빼앗아가는 불상사도 막아야 한다. 수컷들의 과도한 공격성은 많은 자원이 들 뿐 아니라 때로는 피 튀기는 결투에서 죽음으로 끝날 수도 있다.

예를 들어, 말사슴(Cervus elaphus)은 암컷에 대한 우선권 다툼에서 말 그대로 상대의 목을 벤다. 대다수 수컷들은 피의 결말을 막기 위해 그런 결투를 가능한 피한다. 그들의 무기를

말사슴 수컷은 뿔을 가졌고, 그것으로 9월 또는 10월의 짝짓기 시기에 다른 경쟁자를 상대로 격렬하게 방어한다. 그리고 오줌에 함유된 냄새 물질로 암컷을 짝짓기 장소로 유인한다.

실제로 쓰기보다는 그저 과시만 하고, 잠재된 적의 전투기술을 미리 가늠하기 위해 서로를 노려본다.

푸른검상꼬리송사리(Xiphophorus helleri) 수컷도 그렇게 한다. 그들은 다른 수컷을 정면으로 노려보며 상대의 전투력 정보를 알아낸다. 그렇게 그들은 경쟁자를 맞닥뜨렸을 때, 제대로 맞붙는 게 좋을지 아니면 꼬리를 내리고 결투를 피하는 것이 좋을지 계산한다.

터키가재(Astacus leptodactylus) 역시 맹목적으로 결투에 몸을 던지지 않는 것이 현명하다는 걸 알고 전략적으로 행동한다. 두 수컷이 맞닥뜨리면, 곧바로 집게를 세게 부딪쳐 불꽃 튀는 결투를 벌이기보다는 먼저 서로에게 오줌을 쏴서 자신의 힘을 과시한다. 이 민물가재는 오줌을 근거로 상대의 현재 건강상태를 가늠할 수 있고, 필요하다면 '꼬리'를 내린다.

다시 대서양 몰리로 돌아가면, 다른 수컷이 지켜보고 있을 때 취향을 바꿔 다른 암컷을 선택하는 이유 중 하나가 어쩌면 이런 공격적인 결투를 피하려는 것일지 모른다. 경쟁이 덜 심한 작은 암컷을 선택하여, 그들은 불필요한 스트레스를 피할 수 있다. 이론적으로 충분히 설득력이 있다. 그러나 이론과 실재는 다르다. 어두운 동굴에 사는 대서양 몰리 역시 다른 수컷이 보는 앞에서 짝을 선택할 때 위장한다. 축소된 눈을 가진 '동굴 버전'의 대서양 몰리를 기억할 것이다. 동굴 버전의 수컷은 서로 아주 평화롭게 지낸다. 극단적인 환경만으로도 스트레스가 충분하기 때문이다. 그곳에서는 서로 머리를 받으며 싸울 필요가 없다. 그렇다면 수컷들은 도대체 왜 속임수를 쓸까?

정자 경쟁: 1등만 목적지에 도착한다

정자세포가 난자세포로 가는 방법에 따라 수컷끼리의 경쟁 강도가 다르다. 양서류, 어류 혹은 환형동물처럼 물속과 물가에 사는 여러 동물은 체외수정이라는 간접적인 방법을 쓴다. 암컷이 알을 낳고, 수컷이 자신의 정자를 거기에 뿌리면 끝! 인간을 포함한 육지 척추동물은 물론이고 상어와 몇몇 경골어류 그리고 수많은 곤충과 거미는 암컷의 내부에 직접 정자를 넣는 체내수정을 한다. 그러므로 체내수정으로 새끼를 배는 대서양 몰리는 물고기의 생식에서 예외에 속한다.

대서양 몰리 암컷은 살아 있는 새끼를 뱃속에서 키운다. 그것은 정자가 난자를 암컷의 몸속에서 직접 만나 하나로 합쳐져야 한다는 뜻이다. 그래서 대서양 몰리 수컷은 '고노포디움 (gonopodium)'이라는 일종의 음경을 갖고 있다. 수컷은 암컷 가까이 다가가 이 생식기를 힘차게 꺼내 암컷의 생식기 구멍에 정확히 꽂으려 시도한다. '고노포디움 꽂기'에 성공하면, 암컷 몸에서 정액이 사정되고 정자는 난자를 향해 가서 수정된다. 만약 암컷이 여러 수컷과 짝짓기를 했다면, 다양한 수컷의 정자세포들이 암컷 몸 안에서 난자세포와 수정하기 위해 전투를 벌인다. 가장 빠르고 방어력이 좋은 정자가 전투에서 이겨 수정의 행운을 획득한다. 수컷은 이런 정자 전투를 애초에 없애기 위해 동물의 왕국 전체를 샅샅이 뒤져서라도 혹시 모를 낯선 수컷이 자신의 암컷과 짝짓기를 못 하게 방해한다.

이런 독점 욕구 때문에 어쩌면 대서양 몰리 수컷이 경쟁자가 보는 앞에서 자신의 진짜 취향을 속이는 건지도 모른다.

구경꾼이 훔쳐보고 그대로 암컷 선택을 따라 한다면, 그는 일부러 작은 암컷을 선택할 것이다. 그러면 큰 암컷을 차지하려는 시합에서 경쟁자 하나가 벌써 떨어져 나간다. 다음의 사례는 수컷이 암컷을 독점하기 위해 어디까지 할 수 있는지를 보여준다.

남태평양에 사는 갑오징어(Sepia plangon) 수컷은 암컷에게 구애할 때 놀라운 연기력을 보여준다. 잠재 경쟁자가 근처에 있으면, 수컷은 암컷에게 다가가 자신의 남성적 면모를 보여주는 동시에 경쟁자 쪽으로 보이는 다른 면은 전형적인 암컷의 색상을 띤다. 지켜보던 수컷은 '전문가'에게 속고 있는 줄도 모른 채 '암컷끼리 만나는구나' 생각하고 훔쳐봐야 소용없다고 여긴다. 이런 식으로 수컷 갑오징어는 노련하게 다른 수컷의 관심을 딴 데로 돌린다.

어떤 동물은 자신의 성기를 삽입하기 전에 심지어 암컷의 성기를 반짝반짝 윤이 나게 '닦는다'. 대다수 곤충에게는 이것을 위한 특별한 신체기관이 있다. 그들은 이 신체기관을 이용해 자기보다 앞선 정자를 암컷의 몸에서 제거한다. 여러 포유동물 수컷은 섹스 뒤에 곧바로 암컷을 '가두고' 암컷의 성기 구멍에 '문지기 점액'을 바른다. 유럽두더지(Talpa europaea) 수컷 역시 암컷이 다른 수컷과 관계를 갖기 전에 그런 식의 정조대로 자신의 정자세포에게 시간을 벌어준다. 어떤 종은 더 확실히 하기 위해 암컷의 성기를 막은 후 추가로 항최음제 냄새 물질을 뿌려둔다. 호랑거미(Argiope aurantia) 수컷은 암컷이 다른 수컷과 다시 열정을 불태우지 못하게 막기 위해 심지어 자살을 선택한다. 그들은 사정 후에 짝짓기 자세 그대로, 예정된 죽음을 맞이한다. 그렇게 수컷은 스스로 극단적으로 풀기 어려운 정조대가 된다.

"남자는 많아. 그리고 여자도. 잘 생각해 봐!"

코미디언 로리옷(Loriot)의 이 말이 무슨 뜻인지 아마 당신은 이미 잘 알 것이다.

부록: 다양성에 질서를 가져오다

이 장의 마지막 부분으로 넘어가기 전에, 나는 생물학 역사로 떠나는 짧은 소풍에 당신을 데려가고자 한다. 1758년에 스웨덴의 자연학자 칼 폰 린네가 『자연의 체계(Systema Naturae)』를 출간했다. 칼 폰 린네의 이 책은 우리 인간이 늘 매료되었던 지구상의 수많은 동식물을 하나의 체계로 분류하는 최초의 위대한 시도였다. 린네는 수많은 생명체의 외양과 해부학적 구조를 비교하고 관찰하여 차이점을 근거로 생명체들을 개별 단위, 즉 분류군에 할당했다. 그러나 생명체는 매우 다양하고, 유성생식으로 탄생한 생명체는 제각각 모두 다르다(일란성 쌍둥이는 제외하고). 두 생명체는 외적인 특징이 서로 다를 수 있고 그럼에도 같은 종에 속할 수 있다. 우리는 이것을 다음과 같이 상상할 수 있다.

당신은 같은 설계도와 안내서를 보고 수납장 두 개를 만들지만, 하나는 침실에 맞게 다른 하나는 거실에 맞게 색을 칠하고 디자인한다. 색과 크기는 서로 다르지만, 그럼에도 '수납장'이라는 똑같은 가구이다. 이제 린네가 생명체를 분류할 때 어땠을지 상상해 보라. 그는 당신의 집에 있는 이 모든 가구, 그러니까 자연의 생명체를 처음 보고 그것을 하나의 체계에 넣으려 시도했다. 당시에 린네는 생명체의 설계도를 해독하고 그것을 생명의 안내서로 이용할 수 없었다. 결국 그는 생명체들을 자세히 살피고, 순전히 외적 특징에 따라 '동물' '식물' '광물' 세 영역으로 분류했다.

오늘날 우리는 칼 폰 린네와는 전혀 다른 방법으로 체계적인 대답을 할 수 있고, 생명체의 설계도를 볼 수 있으며, 그래서 그들이 서로 얼마나 가까운 종인지 정확히 조사할 수 있다. 이런 방식으로 우리는 오늘날 친자관계를 확인할 수 있다. 아버지가 자식의 진짜 생물학적 생산자인지 알아낼 수 있다. 예전에는 새들이 신의에 관한 한 모범적인 동물로 통했지만, 친자확인검사는 수컷만 바람을 피우는 게 아님을 보여준다. 암컷들도 한두 번씩 바람을 피우고, 남편이 마련한 둥지에 말 그대로 뻐꾸기 새끼를 낳는다.

둘, 셋, 여럿 : 집단에서의 소통

공동체 생활은 결코 간단하지 않다. 수많은 생명체가 서로 만나거나 심지어 한 장소에서 함께 살게 되면, 곧 충돌이 생기기 마련이다. 누구는 이것을 원하고, 또 누구는 저것을 원한다. 먹이 혹은 짝짓기 상대를 차지하기 위한 다툼이 금세 벌어진다. 예를 들어, 도발적인 사슴이 커서 형들에게 대든다면, 아무리 화목한 가정이라도 산산조각이 날 수 있다.

무리, 국가, 가족 : 그렇게 동물들은 함께 산다

동물의 왕국에는 아주 다양한 삶의 모델이 있다. 어떤 동물은 평소 혼자 살다가 짝을 찾거나 공동 식량창고를 이용할 때만 동료들을 만난다. 또 어떤 동물은 그저 이따금 동료들과 만나다가 특정 시기가 되면 집단을 떠나 자기 길을 간다. 또 어떤 동물은 평생 큰 무리 속에서 집단생활을 하면서 벌들처럼 먹이를 찾거나 자손을 양육할 때 서로 돕는다. 이렇듯 개인적으로 알지 못하는 같은 종이 무리 지어 사는, 익명의 열린 동맹이 있다. 위험이 닥치거나 추위가 왔을 때를 제외하고, 동물들은 집단 내에서 항상 일정 정도 거리 두기를 유지한다. 집단생활은 서로 체온을 나눌 수 있다는 장점이 있다. 서로 몸을 기대는 동물이 많을수록 차가운 밤공기를 더 포근하게 보낼 수 있다.

익명의 열린 동맹에 대한 좋은 사례가 곤충, 새 혹은 물고기 떼이다. 한편, 벌이나 흰개미 혹은 개미 같은 곤충은 폐쇄적인 익명의 동맹으로 함께 산다. 곤충나라에서는 구성원이 그 안에서 태어나고 평생 그 안에 속한다. 살아도 같이 살고, 죽어도 같이 죽는다! 원숭이, 야생토끼, 가젤 같은 수많은 포유동물도 폐쇄적인 사회체계에 산다. 그러나 익명의 곤충나라와 달리 여기에서는 집단의 구성원이 개인적으로 소통하며 서로 알고 지낸다. 명확한 서열이 있고, 서열은 공개결투로 결정된다. 누가 대장인지 분명해지면, 위협하는 제스처만으로도 조직이 잘 굴러간다. 그래서 이런 폐쇄적이고 개별화된 집단에서는 같은 종이라도 집단 간에 구성원을 서로 교환하는 것이 매우 어렵거나 불가능하다. 가족 역시 폐쇄적이고 개별화된 집단에 속하고, 대개 부모와 자손이 함께 산다. 우리 인간이 좋은 사례이다. 집단생활의 개별 형식에 대해, 특히 집단 내 소통방식에 대해 조금 더 자세히 살펴보자.

청어였어

떼 지어 사는 각각의 종들은 서로 개인적으로 알지 못한다. 그래서 새나 물고기 떼가 한 몸처럼 조화롭게 움직이는 영상을 보면, 더욱 놀랍다. 색상이나 동작 같은 시각 정보는 동물들에게 소통을 가능하게 하고 그렇게 무리를 하나로 묶어준다. 스웨덴 해군의 비밀문서에 기록된 다음의 이야기가 보여주듯이, 물고기는 질서정연한 이동을 위해 청각 정보도 이용한다. 1993년에 청어 떼가 스웨덴 해군에 큰 수수께끼를 남겼다. 그것은 심지어 국가 보안 사항이 되었다.

스웨덴 잠수함의 소나에 수상한 신호가 계속해서 잡혔다. '소나'란 음파를 쏴서 물속의 물체를 탐지하는 수중음파탐지기를 말한다. 함대원 모두 의견이 일치했다. 수신된 정보로 볼 때 그것은 러시아 잠수함이 틀림없었다! 수상한 수중 소음이 거듭 탐지되었지만 스웨덴 해군은 소위 러시아 잠수함의 위치를 알아낼 수 없었다. 답을 찾기 위해 스웨덴 해군은 심지어 해양생물학자 두 명에게 자문을 구했다. 곧 밝혀졌듯이 이것은 아주 좋은 생각이었다. 두 생물학자는 잠수함이 수신한 신호가 무엇인지 마침내 알아냈다. 놀랍게도 그것은 러시아와 전혀 무관했다! 대서양 청어(Clupea harengus) 떼가 기포를 방출했고, 그것이 스웨덴 잠수함의 소나를 혼동시켰다. 그러나 생물학자들은 이 놀라운 발견을 몇 년 뒤에 비로소 발표할 수 있었다. 그때까지 '청어 사건'이 비밀이었기 때문이다.

청어들이 정확히 어떻게 그렇게 많은 기포를 만들어내고, 무엇보다 왜 그렇게 하는지는 캐나다와 스코틀랜드의 과학자들이 영상 촬영의 도움으로 알아냈다. 인간 사회에서는 공개적인 방귀가 주로 눈총을 받는다. 청어의 경우는 그렇지 않다. 청어들은 떼가 흩어지지 않게 하기 위해 의도적으로 휘발성 가스를 방출한다. 신문의 헤드라인과 달리 청어가 방출하는 휘발성 가스는 소화가스가 아니다. 그러니까 물고기들의 물속 대화를 도와주는 그것은 진짜 '방귀'가 아니다. 실제로 청어들은 부레에서 항문관으로 공기를 열심히 펌프질해서 보내고, 이런 방식으로 방귀 소리를 만든다. 청어의 방귀 소리는 22킬로헤르츠로 빠르게 이어져 수중에서 8초 동안 들을 수 있다. 다른 대다수 물고기와 달리 청어에는 부레 외에도 돌기들이 있고, 이것이 음파를 증폭하여 속귀로 전달한다. 그들은 이런 방식으로 비교적 잘 들을 수 있다. 그래서 만약 밤에 시각 신호를 쓸 수 없으면, 방귀가 만들어내는 충격파로 물고기 떼의 질서정연한 이동을 지휘한다. 그러므로 앞으로 물속에서 갑자기 방귀를 뀌어 수면으로 기포가 올라오면, "청어였어!"라고 그럴듯하게 평계를 대도 된다.

벌들이 대화한다

부모님 이웃이 벌을 키웠는데, 여름이면 그 벌들이 우리 정원에서 윙윙 댔다. 어머니는 정원의 꽃과 과일나무의 수분을 기뻐했지만, 아버지는 번번이 벌들의 표적이 되었다. 그래서 일종의 위로금으로 이웃으로부터 꿀 한 병씩을 늘 선물로 받았다. 어렸을 때 나는 달콤한 황금빛 꿀을 맛있게 핥으며 종종 궁금해했다. 꿀벌(Apis mellifera)은 도대체 어떻게 먹이를 찾을까? 나는 상세한 대답을 대학에서 얻었고, 자연의 독창적인 의사소통 방식에 다시 한번 놀랐다.

사람처럼 벌들도 업무를 나눠서 한다. 예를 들어, 정찰벌의 임무는 밖으로 가서 달콤한 꽃꿀을 찾는 일이다. 꿀을 찾으면 그들은 그곳의 냄새 샘플을 채취하여 벌집으로 돌아온다. 이제 수집부서의 동료들이 나설 차례다. 그들은 동료가 찾아낸 장소로 날아갈 필요가 있는지 판단한다. 만약 당신이 목소리를 사용할 수 없다면, 꿀을 넉넉히 모을 수 있는 곳을 찾았다는 소식을 동료들에게 어떻게 설명하겠는가? 그럴 때는 몸짓언어가 답이다! 맛있는 꽃송이가 바로 근처에 있어서 멀어야 100미터 떨어진 곳이라면, 정찰벌이 춤으로 설명한다. 이때 정찰벌은 오른쪽으로 한 번 왼쪽으로 한 번 원을 그린다. 힘차고 생동감 있게 원을 그리며 돌수록 꿀이 많다. 정찰벌은 발견한 장소의 냄새 샘플을 증거로 제출한다. 반면 풍성한 꽃꿀이 멀리 떨어져 있으면, 정찰벌은 '춤 종류'를 바꾼다. 원을 그리는 춤에서 꼬리를 흔드는 춤으로 바꾸는데, 이 춤은 그 형태가 8자를 연상시킨다. 훨씬 더 힘들어 보이는 이런 춤으로, 벌들은 먹이가 있는 곳의 방향과 거리에 관한 정보를 전달한다.

꿀벌은 원을 그리는 춤에서 동작 순서를 이용해, 먹이가 있는 장소로 가는 길을 동료에게 설명한다. 먹이가 있는 장소가 100미터 이상 떨어졌으면 정찰벌은 즉시 꼬리춤으로 바꾼다.

그러나 그들은 시각 정보뿐 아니라 청각 정보도 동료들에게 전달한다. 예를 들어, 벌의 날갯짓을 통해 최대 200헤르츠에 도달할 수 있는 기계적 진동이 생긴다. 벌은 청소춤이라고도 불리는 털기춤을 추면서 몸을 격렬하게 떤다. 벌 한 마리가 빠르게 총총걸음을 걸으며 몸을 흔들기 시작한다. 이때 벌은 자신의 날개를 깨끗하게 닦으려 애쓴다. 다른 벌과 접촉하여 기계적 진동이 전달되고 이웃한 벌이 곧바로 같이 몸을 흔든다. 왜 이런 흔들기 파티가 열릴까? 이런 진동으로 벌들은 아마도 서로 '흔들어 깨울 수 있고', 신체 관리 같은 행동방식을 서로 북돋울 수 있다. 우리 인간이 목소리를 이용할 수 있어서 참 다행이다. 아니면 혹시 털기춤 역시 훌륭한 소통 방식일까?

냄새 철조망이 보금자리를 방어한다

이제 마침내 공동으로 사용하는 화장실, 즉 공중변소를 이용해 동물이 어떻게 의사소통하는지 그 비밀을 파헤칠 차례다. 수많은 포유동물의 각 집단은 똥과 오줌이 모이는 장소를 중요한 의사소통 수단으로 이용한다. 집단으로 사는 동물들은 대부분 먹이가 많고 적을 방어하기 유리한 장소를 공유한다. 이런 장소를 '영토' 혹은 '영역'이라고 부르는데, 집단 구성원은 침입자에 맞서 함께 영토를 방어한다. 오소리, 가젤, 야생토끼는 공중변소로 영역을 표시하여 어디에서 자기들의 보금자리가 끝나고 다른 집단의 보금자리가 시작되는지 시각적으로 알린다.

다양한 동물 종의 현장연구를 보면, 영토의 경계에는 큰 공중변소가 있다. 특히 짝짓기 기간에 우두머리 수컷은 이런 국경 공중변소를 순찰하며 정기적으로 새롭게 강렬한 영역 표시를 남긴다. 국경 공중변소에 이렇게 공을 들이는 것은 매우 중요한데, 짝짓기 시기에 수컷들은 암컷에게 접근하는 기회만 경쟁하는 게 아니기 때문이다. 외부 경쟁자에게 자기 영토를 뺏길 위험도 있다. 이런 국경 공중변소는 말하자면 우리가 사유지 경계에 '출입금지! 자녀의 잘못은 부모의 책임입니다!'라는 경고판을 세우는 것과 같다.

포유동물의 공중변소 메시지는 철조망을 뚫고 남의 영토

에 침입할 기회를 노리는 다른 집단의 같은 종 동물에게 보내는 것이다. 이런 냄새 철조망은 비록 비용이 들지만 매우 중요하다. '국경 철조망' 구실을 하는 공중변소는 멀티미디어 경고처럼 비폭력 의사소통의 수단이다. 공중변소의 크기와 냄새를 통해, 만에 하나 전투가 벌어지면 얼마나 강력하게 영토를 방어할 수 있는지 신호를 보낸다. 그러므로 침입자는 맹목적으로 전투에 돌입하기 전에, 공중변소의 테스토스테론 함유량을 기반으로 그 집단의 우두머리 수컷과 싸워볼 만한지 아니면 꼬리를 내리는 게 좋을지 가늠해볼 수 있다.

공중변소 보안시스템: 너는 여기에 들어오면 안 돼

공중변소 이용으로 심지어 목숨도 구할 수 있다. 〈늑대와 일곱 마리 새끼염소〉 동화가 그 이유를 말해준다. 어렸을 때 나는 이 이야기를 특히 좋아했다. 내 이름이 동화에 등장해서만은 아니다.* 동화에서 늑대는 일곱 마리 새끼염소에게 자신이 엄마라고 속이며, 새끼염소들이 문을 열게 하려 애쓴다. 늑대는 두 번의 실패 끝에 방법을 찾아냈고, 그렇게 늑대는 세 번째 시도에서 엄마염소의 목소리를 흉내 낼 뿐 아니라, 자신의 새까만 앞발에 하얀 염소 털을 덧입혔다. 애정 가

---

*저자의 이름은 치게인데, 이것은 염소라는 뜻이다 – 옮긴이.

득한 목소리와 새하얀 앞발은 새끼염소에게 열쇠신호이고, 그들은 이 신호를 근거로 엄마를 알아본다. 새끼염소들은 결국 늑대의 계략에 속아 문을 열고, 불운이 닥친다. 늑대는 새끼염소 여섯 마리를 삼킨다. 그러나 특히 영리한 새끼염소 한 마리 덕분에 모든 것이 좋게 끝나고(염소 입장에서) 늑대는 아무것도 얻지 못한다. 이 이야기를 왜 하냐고? 새끼염소 한 마리만이라도 문 앞에 선 방문자에게 똥이나 오줌을 보여달라고 요구할 생각을 해냈더라면, 일곱 마리 새끼염소는 트라우마로 남을 이런 끔찍한 사건을 겪지 않아도 되었을 것이다! 염소의 탈을 쓴 늑대는 즉시 물러났을 것이다. 그런 개인적인 냄새 물질은 흉내 내기 어렵기 때문이다.

실제로 많은 동물이 개별 동료를 식별하기 위해 화학 정보를 이용한다. 방금 배설한 똥오줌보다 더 확실한 냄새 명함이 어디 있겠는가? 야생토끼의 경우, 국경 공중변소와 달리 영토 중앙에 있는 중앙 공중변소를 집단 구성원 모두가 이용한다. 태어난 지 몇 달 되지 않은 새끼들도 당연히 이곳을 이용한다. 집단의 모든 구성원이 중앙 공중변소에 아주 개인적인 냄새 쪽지를 남길 뿐 아니라, 공중변소에서 합쳐진 냄새가 혼동할 수 없는 독특한 '집안 냄새'가 되어, 집단 구성원이 공중변소를 이용할 때 자동으로 모든 구성원의 몸에 밴다. 그것이 또한 어린 야생토끼가 공중변소에서 맘껏 뒹구는 이유이기도

하다. 이런 '집안 냄새'가 털에 배지 않으면, 그들은 이론적으로 이 집단에 속하지 않는다. 어른에게도 집안 고유의 화장실 냄새는 소속의 확인이고 그래서 일종의 보호받는 기분을 준다. 집에서 가까운 이런 중앙 공중변소를 통해 모든 구성원은 다른 동료의 사회적 지위나 짝짓기 의지 같은 중요한 정보를 '업데이트'할 수 있다. 따라서 중앙 공중변소는 집단 내 의사소통에서 중요한 기능을 수행한다. 동물의 공중변소 이용은 우리가 저녁에 술집에서 친구를 만나거나 직장 휴게실에서 동료들과 모닝커피를 마시며 수다를 떠는 것과 같다.

혁신 경영: 당신이 오소리라면!

사무실 얘기가 나와서 말인데, 공중변소라는 의사소통 네트워크 시설이 경영과 무슨 관련이 있을까? 확언컨대, 아주 많다! 동물들도 인간과 마찬가지로 시간과 에너지 같은 자원이 무한하지 않다. 특히 공중변소 네트워크를 구축하기 위해 오소리나 야생토끼는 시간관리와 경제 면에서 수많은 결정을 해야 한다. 내가 하려는 말이 무엇인지 당신에게 보여주기 위해 나는 먼저 당신을 사고실험에 초대한다.

당신이 오소리이고 이제 의사소통 네트워크 구축을 위해 공중변소를 지어야 한다고 상상해보자. 약간의 시간과 간단한 필기구만 있으면 된다. 이제 종이 한복판에 X자로 오소리의 집을 표시하라. 그다음 X자 주변에 원을 그려라. 이것이 당신 영토의 국경선이다. 당신의 집단에는 다른 오소리도 있다. 당신은 그들과 함께 공중변소를 대략 15개쯤 설치하고 유지관리할 수 있다. 이제 공중변소의 위치를 종이 위에 그려보자. 당신이 생각하는 대로 의사소통 센터를 배치하라. 영토의 국경을 보호하면서 동시에 집단 내 의사소통도 보장할 수 있게 공중변소를 배치해야 한다. 당신은 무엇을 고려해야 할까?

다음의 상황을 가정해보자. 당신의 영토는 아주 좋은 위치에 있고, 부동산 시장의 경쟁이 치열하여 많은 이들이 당신의 땅에 관심을 보인다. 그러므로 예고 없이 들이닥치는 침입자와 늘 대결하고 싶지 않다면, 매우 신중하게 국경을 설정해야 한다. 국경을 방어하기 위해 모든 공중변소를 영토의 가장자리에 배치해야 할까? 그렇다면 내부 의사소통은 어떻게 한단 말인가? 집단 구성원이 서로 정보를 교환할 수 있으려면 중앙 공중변소가 몇 개 필요할까? 당신은 중앙 공중변소를 통해 중요한 자원 앞에 "손대지 마시오. 주인 있음!"이라고 푯말을 세워둘 수 있다. 오소리 굴과 특히 풍부한 식량창고가 중요한 자원에 속한다.

일단 공중변소를 설치하면, 당신은 정기적으로 이것을 점검하고 갱신해야 한다. 말했듯이, 당신의 땅은 매우 넓고 그래서 집에서 국경까지 가려면 시간이 오래 걸린다. 이제 여기에

유럽오소리(Meles meles)는 야생 환경에서 똥오줌 더미(공중변
소)를 이용해 국경을 표시하고 영토 내부의 중요한 자원에 접
근금지 푯말을 세운다. 영토의 넓이와 집단의 규모에 따라 국
경 공중변소의 개수와 갱신 빈도수가 다르다.

서 비용-효용 문제가 대두된다. 자신의 영토를 적의 침략으
로부터 보호하려면 국경 공중변소가 몇 개 필요할까? 공중변
소를 많이 설치하고 유지관리할수록 먹이 찾기나 짝짓기 같
은 다른 일에 할애할 시간이 줄어든다. 그리고 누가 연인과 보
내는 편안한 한 시간을 변소 관리 한 시간과 바꾸고 싶겠는
가? 보다시피, 공중변소 네트워크 시설은 결코 사소하지 않
고, 진짜 비용-효용 계산이 필요하다.

따라서 포유동물이 실제로 다양한 공중변소 전술을 쓰는
것은 당연하다. 예를 들어, 아프리카 점박이하이에나(Crocuta

crocuta)는 상대적으로 작은 영토를 확보하고 국경에 수많은 공중변소를 둔다. 반면 갈색하이에나(Hyaena brunnea)는 아주 넓은 땅을 자기 영토로 선언하고, 점박이하이에나와 달리 '후방전술'을 쓴다. 아주 긴 국경에 수많은 전방 공중변소를 설치하는 대신에 갈색하이에나는 영토 내부 곳곳에 공중변소를 배치한다. 시뮬레이션에 따르면, 침략자가 "출입 금지" 푯말을 만날 확률을 고려할 때, 이런 공중변소 배치가 실제로 가장 효율적이다. 점박이하이에나는 분명 공중변소 배치의 비용과 효용을 계산하여 가장 적합한 중간 타협점을 찾은 것이리라.

유럽오소리의 경우 영토 내부에 있는 중앙 공중변소는 '후방 공중변소'라고도 불리는데, 국경 공중변소와 오소리 굴 근처 중앙 공중변소 사이의 거리가 종종 수백 미터에 달하기 때문이다. 영국의 한 연구진은, 비슷한 규모의 오소리 집단이 다양한 크기의 영토에서 어떤 의사소통 전술을 최고의 해결책으로 여기는지 알아내고자 했다. 영토가 넓을수록 오소리들은 공중변소를 더 많이 설치했다. 어떤 오소리 집단은 80 헥타르, 그러니까 축구장 약 60개를 합친 면적을 자기 영토로 선언했다. 이런 거대한 영토에서 의사소통 네트워크는 최대 70개 공중변소로 구성되었고, 대부분이 냄새 철조망으로 국경에 설치되었다. 그런데 이런 국경 공중변소에서는 소규모 영토의 국경 공중변소보다 신선한 똥이 덜 발견되었다. 말하자면, 비록 넓은 영토에 공중변소를 많이 설치했지만, 오소리들이 그것을 드물게 사용했다. 나의 의문은 여전히 풀리지 않았다. 오소리나 야생토끼는 무엇이 최고의 의사소통 해결책인지 어떻게 알까? 화장실에서 떠오르는 수많은 아이디어가 다시 한번 내 뇌리를 스치게 될까? 아니, 공중변소 노하우라고 해야 더 맞을까?

Nature is never silent

제3부

모든 게 달라지면 어떻게 될까?

6장
동물이 숲을 떠났을 때

수많은 사례에서 생명체들이 성공적으로 정보를 교환할 수 있었던 것은 발신자가 수신자를 정확히 특정할 수 있었기 때문이다. 이런 정보망은 철저히 생활환경의 영향 속에 발달한다. 수신자가 어디에 있는가? 어떤 채널을 이용할 수 있는가? 정보는 어떤 장애물들을 극복해야 하는가? 의사소통이 제대로 작동할 만큼 정보망이 '갈고 다듬어지기까지' 수많은 세대가 필요하다. 그런데 생활환경이 바뀌면 과연 무슨 일이 벌어질까? 생활환경의 변화에 적응하고 계속 발달하는 능력이야말로 생명의 중요한 특징이다. 이런 능력은 당연히 정보 교환에서도 발휘된다.

강한 자만이 도시 정원으로 온다

베를린에 사는 멧돼지, 카셀에 사는 너구리, 오스나브뤼크에 사는 겨울잠쥐. 최근에 도시에 사는 야생동물에 관한 보도가 늘었다. 확실히 사람들만 도시로 몰리는 게 아닌 것 같다. 동물의 왕국에서도 시골을 떠나 도시로 향하는 이른바 이촌향도 현상이 있는 것 같다. 아마도 그들의 생활공간인 남은 자연마저 인간이 점령했기 때문이리라. 농업의 집약화와 도시 확장으로 인해 야생동물은 그동안 방해받지 않고 조용히 살던 고향을 떠나 다른 지역으로 옮겨가야만 한다.

사방이 뚫린 텅 빈 시골과 달리, 도시의 공원과 정원, 녹지 시설은 다양한 동식물에게 적합한 '터전'을 넉넉히 제공한다. 그래서 사람이 지나칠 때마다 깜짝 놀라 후다닥 도망치지 않는 특히 '용감'한 종들이 더 성공적으로 도시에 정착한다. 보금자리나 은신처 그리고 먹이 같은 도시의 수많은 혜택을 누리려면, 동물들도 인간과 똑같이 '창의력'과 '유연성'을 발휘해야 한다. 그렇기 때문에 특히 여우, 멧돼지, 너구리들이 도시로 몰려와 인간과 갈등을 일으키는 것이다. 화려한 색상이 예뻐 우리 인간이 강제로 옮겨 심은 이국적인 식물들도 도시에는 아주 많다. 이런 이국적인 식물은 생물학적 관점에서 다른 언어를 사용하고 그래서 같은 공간에 사는 생명체들의 관계를 장기적으로 바꿔놓을 수 있다.

토론토의 새로운 쓰레기통은 왜 쓰레기통에 버려졌을까

생명체들의 의사소통 연구에서 도시는 특히 흥미롭다. 이
곳에서는 야생보다 훨씬 빨리 생활환경이 바뀌고, 이런 변화
에 적응할 수 있는 종들만 장기적으로 도시에서 살아남는다.
캐나다 토론토에 사는 영리한 아메리카너구리(Procyron lotor)
에 관한 다음 이야기는, 몇몇 동물들이 도시 생활에 얼마나
잘 적응하는지를 보여준다.

귀여운 아메리카너구리들은 정기적으로 쓰레기통을 뒤져
매일 쌓이는 음식 찌꺼기를 먹는다. 그들은 밤이 되면 은신처
에서 나와 쉽게 쓰레기통을 뒤집어엎고 원하는 것을 가져간
다. 다음 날 아침, 주변에 널브러진 남은 쓰레기들이 아메리
카너구리의 야간활동을 증언한다. 토론토시는 이런 일상적
인 도로 광경에 지쳤고, 1990년대 말에 아메리카너구리의 식
량 공급원을 없애버리기로 결정했다. 그러나 도시 동물을 이
기기가 얼마나 어려운지, 당시에는 아무도 예상하지 못했으
리라!

토론토시는 아메리카너구리로부터 안전한 새로운 쓰레기
통을 마련하는 데 수백만 달러를 투자했다. 이 쓰레기통의 뚜
껑은 손잡이를 돌려야 열리고, 뚜껑 양옆에 잠금장치도 두 개
나 있었다. 내 남편은 캐나다 대도시의 온타리오호수 근처
에서 자랐는데, 방송에서 홍보하던 "너구리 방지 쓰레기통

(Raccoon-Proof Trash Cans in Toronto)"캠페인을 지금도 생생하게 기억한다. 그러나 수백만 달러가 투자된 너구리 방지 쓰레기통은 말 그대로 쓰레기통에 버려졌다. 불과 몇 주 뒤에 너구리들이 다시 밤에 이 쓰레기통을 뒤졌기 때문이다. 이 동물들은 양옆의 잠금장치를 푸는 방법은 물론이고, 손잡이를 돌려 뚜껑을 여는 법까지 금방 배웠다. 첫 번째 침탈방지 쓰레기통의 뒤를 이어, 더 안전한 잠금장치를 장착한 너구리 방지 쓰레기통 2.0 버전이 등장했다. 그러나 너구리들은 이것 역시 해치웠다. 쓰레기통에 부착된 카메라가 너구리들이 어떤 끈기와 실험정신과 호기심으로 문제를 해결하는지 보여주었다. 그렇게 토론토의 동물 거주민은 몇 년 동안 디지털 매체의 진짜 스타가 되었다. "Raccoon opens trash can(너구리가 쓰레기통을 연다)"라는 제목으로 수많은 영상이 인터넷에 있고, 이 영상들은 인기가 가장 높은 고양이 영상에 결코 뒤지지 않는다. 아메리카너구리는 이런 탁월한 쓰레기통 털이 실력을 위해 무엇을 하고, 그것은 정보 교환과 어떤 관련이 있을까?

우선 아메리카너구리는 체형 면에서 유리하다. 스모선수처럼 체중의 대부분이 하체에 집중되어 무게중심이 아래에 있다. 그래서 아메리카너구리는 자기 몸무게보다 몇 배 더 무거운 사물을 움직일 만큼 힘을 쓸 수 있다. 게다가 그들은 우리 인간처럼 회전 가능한 엄지를 가졌고, 이것으로 사물을 잡고 조작할 수 있다. 토론토시는 본의 아니게 몇 년에 걸쳐 그들의 너구리를 점점 더 영리해지게 훈련시켰다. 새로운 쓰레기통이 등장할 때마다 이 포유동물은 그것을 여는 법을 학습했다. 잠금장치를 열 수 있는 더 영리한 너구리 몇 마리만 있으면 되었다. 그 집단의 다른 너구리들은 동료의 행동을 보는 것만으로 방법을 익혔고, 그렇게 얻은 정보로 쓰레기통 털이 경력을 쌓았다. 어린 너구리들도 어미로부터 '쓰레기통 털이' 수업을 받았다.

2017년에 큰 육식동물의 신경세포 수를 조사하는 연구가 있었고, 이것을 토대로 아메리카너구리가 특히 더 영리하다는 놀랍지 않은 결론에 도달했다. 아메리카너구리의 뇌에는, 우리 인간을 포함한 영장류만 가졌을 거라 여겼던 아주 촘촘한 신경세포가 있었다. 현재 남편의 고향 동네에는 작은 나무집이 곳곳에 있고, 그 안에 쓰레기통이 있다. 이 나무집은 자물쇠로 잠겨 있다. 또한 나무집 안에 들어 있는 쓰레기통 역시 아주 비좁게 세워져서 쉽게 넘어뜨릴 수가 없다. 아메리카너구리가 어느 날 자물쇠 푸는 법도 배우게 될지 누가 알겠는가?

회색가지나방의 역사

도시의 조건들은 다른 생명체의 의사소통에 완전히 새로

운 도전 과제를 제시한다. 도시에서는 끊임없는 배경소음, 오염된 공기, 폐기물로 더럽혀진 토양이 청각, 시각, 화학 정보의 전달을 방해한다. 도시라는 생활환경에서 이 모든 방해를 뚫고 성공적으로 정보를 주고받아 소통하려면, 생명체는 뭔가 새로운 아이디어를 찾아내야 한다.

19세기 후반 산업혁명 시대에 이미 시작된 회색가지나방(Biston betularia)의 역사가 한 사례다. 나비과에 속하는 이 곤충의 원형이 특히 1848년에 영국에 널리 퍼져 있었다. 낮에 자작나무 회색가지에 붙어 꼼짝 않고 있는 야행성 회색가지나방은 짙은 반점이 찍힌 밝은 회색 무늬가 자작나무 배경과 잘 맞았기 때문에 그 이름을 얻었다. 짙은 반점은 멜라닌 색소의 함유량 때문인데, 멜라닌이 많을수록 나방의 색은 더 짙다. 멜라닌 색소의 함유량은 사람의 피부색도 결정한다.

1848년에 영국 맨체스터에 갑자기 짙은 색상의 회색가지나방이 많이 나타났다. 이 '검은 양'은 갑자기 어디에서 왔을까? 교사이자 나비연구가인 제임스 윌리엄 투트(James William Tutt)의 관찰이 그럴듯한 해명을 내놓았다. 영국의 산업발달이 도심과 근교 환경에 크게 영향을 미쳤다. 공기 중의 이산화황이 나무껍질에서 자라는 이끼를 죽였다. 공장의 검댕이 땅 위에 검정 카펫처럼 깔렸다. 투트는 확신했다. 예전에 밝은색이었던 회색가지나방이 이제 더는 자신의 생활환

경에 맞지 않았다. 자작나무 몸통 역시 검댕 때문에 더 짙어
졌기 때문이다. 색상이 짙은 나방일수록 낮에 새들 눈에 훨씬
덜 띄었고, 그래서 또한 더 드물게 잡아먹혔다. 그러나 투트
주변 사람들은 이 이론을 외면했다. 다른 나비 전문가들뿐 아
니라 새 연구자들도 회색가지나방이 정말로 낮에 새들에게
잡아먹히고 나방의 색상이 그들의 생존에 영향을 미친다고
생각하지 않았다.

1950년대에 비로소 유전학자이자 나비연구가인 헨리 버나
드 데이비스 케틀웰(Henry Bernard Davis Kettlewell)이 이 문제
를 더 자세히 조사했고, 회색가지나방으로 현장실험을 진행
했다. 그는 밝은 회색 나방과 짙은 회색 나방을 서로 다른 두
지역에 풀어놓았다. 한 지역은 산업화의 영향을 강하게 받은
버밍햄의 혼합림이었다. 또 다른 지역은 영국 남부의 백작령
인 도싯에 있었다. 이곳은 상대적으로 오염이 적었고 또한 나
무의 이끼들도 아직 눈에 띄었다.

케틀웰은 두 지역에서 이른 아침에 살아 있는 밝은 회색 나
방과 짙은 회색 나방을 나무줄기에 앉혀놓았고 저녁에 다시
와서 아직 살아 있는 나방 수를 헤아렸다. 그는 이 실험으로,
더 짙은 색상의 나방이 산업화가 강하게 진행된 지역에서 원
래의 밝은 색상 나방보다 더 많이 생존한다는 것을 증명하고
자 했다. 케틀웰은 이 실험에서 나비의 한 특징을 이용했다.

회색가지나방은 밝은 회색의 자작나무 줄기 배경과 잘 맞는 색
상을 가졌기 때문에 그 이름을 얻었다(위). 영국의 산업화 과정
에서 짙은 회색 버전의 회색가지나방도 등장했다(아래).

야행성인 이 동물은 낮에 주변을 날아다니지 않는다! 회색가
지나방이 저녁에 제 자리에 앉아있지 않다면, 그 이유가 무엇
이든, 적어도 건강을 자랑하며 그 자리를 떠나 다른 나무로
옮겨간 것은 아니었다.

　또 다른 실험에서 케틀웰은 밝은 회색 나방과 짙은 회색 나
방에 표시한 다음 버밍햄의 연구 지역에 풀어놓았다. 얼마 후
그는 회색가지나방을 유인하는 냄새 물질을 방출하는 나방덫
으로 다시 이 동물을 잡아들였다. 그의 풍부한 연구 데이터에

따르면, 새로 등장한 짙은 회색 나방이 정말로 공기가 심하게 오염된 지역에서 생존 기회를 더 많이 가졌다. 짙은 회색 나방이 다시 잡힌 비율은 밝은 회색 나방보다 두 배가 높았고, 나무줄기에 앉혀두었을 때 역시 짙은 동물이 더 자주 해피엔드를 맞았다.

그러나 신비한 짙은 회색 나방에 대한 실험이 끝나려면 아직 멀었다. 케틀웰은 1979년 죽을 때까지 계속해서 이 주제를 연구했고, 그가 죽은 뒤에도 최대 55밀리미터 크기의 이 나방에 대한 학문적 관심은 중단되지 않았다. 그러나 이 새로운 색상 버전이 도대체 어디에서 왔는지의 대답은 여전히 나오지 않았다.

1960년대에 특히 유전학 방법 덕분에 이 회색가지나방의 색상이 정확히 어떻게 작동하는지 알게 되었다. 2016년에 리버풀대학 연구진이 과학학술지 『네이처』에 오랫동안 고대했던 대답을 발표했다. 1848년의 기이하게 짙은 색상을 띤 회색가지나방의 기원은 멜라닌 색소 정보를 가진 DNA 설계도의 변화(돌연변이)에 있었다. 심지어 연구진은 이런 돌연변이의 시점을 1819년 즈음으로 특정할 수 있었다!

일찍 일어나는 새가 교통소음을 이긴다

주로 청각 정보로 소통하는 생명체들은 도시에서 특히 어려움을 겪는다. 자동차, 비행기 혹은 전자기기의 소음은 상대적으로 크면서 저주파이기도 하다. 이런 저주파는, 역시 저주파를 사용하여 동료와 소통하는 새들을 특히 방해한다. 그들은 도시 소음에 맞서 '외쳐야' 할 뿐 아니라, 청각 신호 발신 때 주변을 둘러싼 건물들을 방해 요인으로 계산해야 한다. 콘크리트 바닥과 주택들은 숲속 나무들과 전혀 다르게 음파를 반사한다. 그러므로 고음으로 지저귀는 새 종이 시골보다 도시에 더 많은 것은 전혀 놀랍지 않다. 도시의 삶이 동물들의 청각 소통에 어떻게 영향을 미치는지는 취리히의 지빠귀(Turdus merula)에서 특히 잘 조사되었다. 도시의 지빠귀는 더 크게 신호를 보낼 뿐 아니라, 고음으로 도시의 소음을 이긴다. 영국 셰필드에 사는 울새(Erithacus rubecula)는 다른 전술을 쓴다. 수컷 울새는 시골 동료보다 그냥 일찍 일어나, 해가 뜨기도 전에 노래를 시작한다. 이 시각에는 도시 소음이 확실히 적은데, 이른 새벽에 셰필드 도시는 아직 잠들어 있기 때문이다. '도시새가 일찍 일어나는' 또 다른 이유는 도시의 꺼지지 않는 조명일 것이다. 야생에서 새들은 그들의 지저귐을, 해돋이와 함께 점점 밝아지는 환경에 맞춘다. 그러나 도시에서는 가로등 때문에 결코 완전히 깜깜해지지 않는다. 그러니 언제부터가 기상 시간인지 새가 어떻게 알겠는가?

도시 오소리는 왜 서로 할 말이 없어졌을까

도시 생활은 간접적으로도 생명체의 의사소통에 영향을 미칠 수 있다. 도시에 사는 여우, 멧돼지, 아메리카너구리는 시골에 사는 동료들보다 먹이 찾기에 시간을 덜 들여도 된다. 먹이가 넉넉하기 때문에 '수색지역' 역시 더 좁아진다. 다시 말해 도시에 사는 야생동물은 먹이를 얻기 위해 더는 멀리 돌아다니지 않아도 된다. 도시의 야생동물은 인간의 끊임없는 방해에 대개는 익숙해져서 시골에 사는 동료보다 낮에 도망치는 일이 적어 시간도 '아낄 수 있다'. 예를 들어, 도시에 사는 굴토끼(Oryctolagus cuniculus)는 포식자의 먹이가 될 위험이 낮다. 물론, 수리나 여우 같은 천적이 도시에도 있다. 그러나 이들은 사람들이 친절하게도 도시 전역에 남겨두어 더 쉽게 얻을 수 있는 음식 찌꺼기를 주로 먹는다.

야생에서 동물들은 넓은 영토를 방어하고, 함께 먹이를 찾고, 적으로부터 보호하기 위해 집단생활의 스트레스를 '감수'한다. 집단생활에 장점만 있는 건 아니다. 질병이 집단에서 더 빨리 확산할 수 있고, 최고의 자리를 차지하려는 서열 다툼이 장기적인 스트레스일 수 있다. 도시에서는 집단생활의 단점이 장점보다 더 크기 때문에 도시에 사는 야생동물은 차라리 독자노선을 걷는 것이 정말로 더 나을까?

이 의문을 풀기 위해, '도시'라는 생활환경에 사는 야생토끼나 오소리 같은 사회적 포유동물을 관찰하는 일은 아주 흥미롭다. 유럽오소리(Meles meles)는 제대로 작동하고 잘 구축된, 공중변소 정보체계를 중요하게 여긴다. 유럽오소리는 영토의 국경에 특히 많은 공을 들여 공중변소로 이루어진 '냄새 철조망'을 짓는다. 낯선 침략자를 막는 안전한 국경이 최고의 우선순위인 것 같다.

영국 브리스톨과 브라이턴의 연구진이 서로 다른 두 개의 연구에서 오소리의 의사소통 방식을 조사했다. 놀랍게도 브리스톨과 브라이턴 두 곳 어디에서도 오소리의 공중변소가 거의 발견되지 않았다. 두 도시에서 연구진은 공중변소를 단 하나도 찾지 못했다. 영토의 국경에도 없었고, 오소리 굴 근처에도 없었다. 번잡한 도시에 사는 영국 오소리는 어쩌다 영역 표시에 더는 가치를 두지 않게 되었을까? 연구진은 더 자세히 살폈고, 도시 오소리의 사회구조가 시골 동료들과 다르다는 것을 알아냈다. 일반적으로 너구리 종은 아주 밀접한 관계 속에서 함께 모여 살고, 먹이가 있는 넓은 영토를 함께 방어한다. 그러나 도시 너구리는 주로 '느슨한' 관계를 맺고 공동체를 덜 필요로 한다. 먹이가 남아돌기 때문에 함께 먹이를 찾기 위해 굳이 집단생활을 할 필요가 없어진 것 같다. 도시 오소리에게 브리스톨과 브라이턴은 24시간 먹이를 제공하는 '거대 편의점'이나 마찬가지였으리라.

주가지수와 토끼의 접점

이제 드디어 프랑크푸르트에 사는 야생토끼의 비밀을 밝힐 때가 되었다. 이 야생토끼는 '용감하고 유연한' 종에 속하고, 성공적으로 도시 생활에 적응했으며, 우리 인간에게는 '골칫덩이 동물'이 되었다. 독일의 여러 시골에서는 수년째 토끼 밀도가 계속 떨어지지만, 베를린, 뮌헨 혹은 함부르크 같은 대도시들에서는 지난 수십 년 동안 토끼 밀도가 계속 높아졌다. 야생토끼가 이미 구동독 시절에 베를린 장벽을 무용지물로 만들었다는 사실을 알고 있었는가? 이 포유동물은 베를린 장벽의 삼엄한 경비를 아랑곳하지 않고 그냥 장벽 아래를 파헤쳤다. 칼라 작세(Karla Sachse)의 예술 프로젝트인 〈토끼 필드(Kaninchenfeld)〉가 현재 차우스제 거리에 그려진 옛 사선(死線) 자리에서, 몰래 베를린 국경을 넘던 이 도망자들을 상기시킨다. 2011년 내가 박사학위를 시작했을 때, 이 동물은 마인 강가 금융 대도시의 녹지 앞에서도 멈추지 않았다. 그들은 도시의 골칫덩이가 되었고, 프랑크푸르트시는 사냥꾼을 고용해 수년째 그들의 밀도를 줄이려 애쓰고 있다.

손전등과 계수기를 들고 토끼를 추적하다

오소리 연구결과를 읽고 내가 확신했듯이, 도시와 시골의 야생토끼 공중변소의 분포만으로는 절반의 결과에 불과했다. 나는 얼마나 많은 동물이 한 장소에 모여 살고 혹은 야생토끼가 그들의 집을 어떻게 배치했는지에 대한 정보도 필요했다. 어둠이 깔린 뒤에 모든 토끼가 집을 떠나면, 우리 팀은 손전등과 계수기를 들고 활동을 시작했다. 별이 빛나는 밤하늘 아래, 산딸기 덤불 사이에서 프랑크푸르트 스카이라인 앞의 도심 녹지에 이르기까지 우리는 마인강을 품은 이 대도시와 그 주변 지역에서 토끼를 추적했다.

17개 연구 지역의 도시화 정도를 측정하기 위해 나는 나만의 고유한 방법을 개발했다. 나는 도시화 정도를 지수로 나타내기 위해 네 가지 값을 사용했는데, 그중 두 가지가 인간의 방해 정도와 연구 지역의 건축 면적 비율이었다. 도시화 지수가 높을수록 토끼의 거주 영역도 더 도시화 되었다. 그것으로 나는 도시화 지수가 야생토끼의 의사소통에 영향을 미친다는 사실을 알 수 있었다. 야생토끼 수색에 필요한 예민한 코를 가진 사냥개와 족제비로 무장한 도시 사냥꾼 덕분에 나는 내 연구 질문에 대한 답도 찾았다. 우선 사냥개들이 연구 지역에 있는 땅속 토끼굴을 모두 파헤쳤다. 다음은 족제비 차례였다. 토끼가 족제비를 보고 땅 위로 도망쳐 철망 우리 안으로 들어갈 때마다 계수기가 딸깍 소리를 냈다. 사냥꾼들은 모든 토끼굴 입구를 미리 이 철망 우리로 막아놓았었다. 그렇게 나는

'토끼 셰어하우스'의 현재 하우스메이트 수와 더불어 토끼굴의 출입구 수도 알 수 있었다.

큰 도시, 작은 (토끼)굴

정말로 야생토끼 밀집도가 시골에서 도시로 갈수록 계속 높아졌다. 그래서 프랑크푸르트 오페라하우스 앞에서는 야생토끼가 1헥타르에 평균 45마리나 돌아다녔다. 순전히 수학적으로 계산했을 때, 시골과 가장 가까운 연구 지역에는 야생토끼가 단 한 마리도 없었다! '족제비의 활동' 역시 야생토끼의 사회성에 관한 놀라운 결과를 밝혀냈다.

프랑크푸르트 시내에 있는 토끼굴은 출입구가 여섯 개 이하로 그 규모가 특히 작았다. 이런 작은 굴에는 대개 소수의 토끼만 살았다. 어떤 굴에는 심지어 한 쌍 혹은 혼자 살았다. 반면, 시골에서는 집단이 점점 커져서 굴 건축 또한 매우 인상적인 규모를 보였다. 이곳의 굴에는 출입구가 50개 넘게 있고, 최대 15마리까지 모여 살았다. 활동 면에서도 도시토끼와 시골토끼의 차이가 드러났다. 들판에 사는 야생토끼는 대개 해 질 무렵에만 굴 밖으로 나왔지만, 도시토끼들은 사람들의 방해에 아랑곳하지 않고 낮에도 활동했다. 도시토끼는 굴에서 나왔을 때 천적을 경계하는 데 시간을 덜 투자했다. 시골토끼와 비교했을 때 거의 절반의 시간만 투자했다. 요컨대,

프랑크푸르트 도시토끼는 시골토끼와 정반대의 생활방식으로 살았다. 그들은 작은 집에서 살면서 늘 출타 중이다. 그래서 도시토끼의 생활방식에 관한 나의 연구결과를 도시의 전형적인 싱글라이프와 비교한 신문기사를 읽었을 때, 나는 싱긋 웃을 수밖에 없었다.

도시토끼는 왜 시골토끼보다 국경 철조망 설치를 더 좋아할까

다시 한번 되새겨보자. 동물이 공중변소를 의사소통에 어떻게 이용하느냐는 그 지역의 밀집도가 얼마나 높은지, 집단과 영토의 크기가 얼마나 큰지 그리고 천적에게 잡아먹힐 확률이 얼마나 높은지에 달렸다. 프랑크푸르트 도시로 이주한 야생토끼는 이 모든 상황의 변화를 맞았고, 그래서 나는 도시토끼와 시골토끼가 다르게 소통할 것임을 확신했다. 그러므로 우리팀은 공중변소를 찾아 나섰고, 시골의 산딸기 덤불과 과수원 지대에서 프랑크푸르트 오페라하우스 앞의 잘 가꿔진 공원에 이르기까지, 프랑크푸르트 시내와 외곽지역의 15개 연구 지역에서 총 3,273개의 야생토끼 공중변소를 발견했다. 기대했던 것보다 훨씬 많았다. 각각의 토끼굴과 공중변소 사이의 거리 이외에 우리는 또한 방금 사용했다는 증거인 동글동글한 신선한 똥의 개수에도 관심이 있었다. 현장에서 책상으로 돌아왔고, 나의 추측은 맞았다. 정말로 공중변소 소통에

유럽 굴토끼는 공중변소로 집단 내부의 동료들과 소통하는 전형적인 예이다. 굴에서 멀리 떨어진 변두리 공중변소는 집단 외부의 토끼에게 자기 영토의 국경을 알린다.

서 도시와 시골에 차이가 있었다!

도시화 지역일수록 야생토끼는 공중변소를 일종의 '냄새 철조망'처럼 집에서 어느 정도 떨어진 곳에 많이 설치했다. '국경 철조망 공중변소'는 집 바로 옆에 있는 공중변소보다 더 크고 또한 더 촘촘하게 배치되었다. 이런 현상이 생긴 이유는 프랑크푸르트 고층빌딩 사이에서 땅이 점점 부족해지고 그래서 좋은 영토를 차지하려는 경쟁이 점점 더 심해졌기 때문일 것이다. 그러므로 계속 자기 땅에서 살고 싶은 도시토끼에게는 공중변소로 냄새 철조망을 치는 것이 특히 중요하다. 동시에 집단이 작아지면서 집 근처 공중변소를 통한 의사소통의 중요성은 감소한다. 시골에서는 정확히 반대였다. 굴 바로 옆에서 수많은 공중변소가 발견되었던 반면, 영토의 국경에는 공중변소가 불과 몇 개뿐이었다.

굴 근처에 영역 표시를 하는 것은 집단 내부의 의사소통에 매우 중요하다. 최대 15마리가 같이 사는 '셰어하우스'에서는 내부의 활발한 정보 교환이 필수이다. 반면, 가장 가까운 이웃이 종종 수 킬로미터 떨어져 있었으므로, 시골토끼들은 이웃 집단과의 문제가 별로 없었을 것이다. 그렇게 여유로운 거주지에서는 국경에 굳이 경고판을 촘촘히 설치할 필요가 없다.

부록: 프랑크푸르트에 사는 야생토끼는 요즘 어떻게 지낼까?

2014년 12월에 나는 프랑크푸르트에서의 자료 수집을 끝내고 고향인 브란덴부르크로 돌아왔다. 이때에도 헤센주의 메트로폴리스인 프랑크푸르트에는 여전히 수많은 야생토끼가 살았고, 그래서 도시 사냥꾼들이 앞으로도 계속 소위 '토끼 재앙' 때문에 바쁠 거라고, 나는 확신했었다. 그러나 나도 사냥꾼들도 상황이 얼마나 순식간에 바뀔 수 있는지 예측하지 못했다. 고향으로 돌아온 후에도 나는 프랑크푸르트를 자주 방문했고, 야생토끼를 맞닥뜨리는 일이 점점 줄어든다는 느낌이 들었다. 예전에는 갈 때마다 꼭 토끼를 보았던 곳에서 어쩌다 한 마리를 보거나 아예 단 한 마리도 만나지 못하기도 했다.

2018년 9월, 나는 한 촬영팀과 함께 나의 옛 연구 지역으로 갔다. 세계의 토끼와 그들의 생활환경을 다루는 다큐멘터리 촬영이었다. 현지 사냥꾼협회의 협조를 받아 나와 촬영팀은 다시 토끼를 추적했고 충격을 받았다. 야생토끼의 밀집도가 극단적으로 떨어진 것 같았다! 프랑크푸르트 오페라하우스 앞 공원에서 4년 전에는 20마리를 만났는데, 그때는 네 마리가 전부였다. 프랑크푸르트 도시토끼에게 도대체 무슨 일이 벌어진 걸까? 혹시 모두 다시 귀촌이라도 한 걸까?

도시 사냥꾼과 관심 있는 시민들과의 대화에서 그럴듯한 원인 두 가지가 제기되었다.

1. 야생토끼에게 치명적인 RHD바이러스의 새로운 변종이 토끼 개체 수를 강하게 줄였을 것이다.
2. 프랑크푸르트에 사는 야생토끼에게 한때 유익했던 생활환경이 지난 몇 년 사이에 단점으로 바뀌었을 것이다.

야생토끼는 안전한 보금자리 터로 생울타리와 덤불을 선호한다. 내가 박사학위 논문을 쓰는 동안만 해도 몇몇 토끼굴은 자세히 조사하기가 불가능했다. 그만큼 식물이 빽빽하게 자라 있었다. 그러나 2018년에는 덤불에 안전하게 가려져 있던 옛날 토끼굴들이 갑자기 텅 비어 있었다. 굴 입구에 수북

한 나뭇잎들이 야생토끼가 더는 이곳에 살지 않는다고 증언해주었다. 2018년 9월, 나와 촬영팀은 사라진 야생토끼를 찾으려 애썼지만 아무런 성과가 없었고, 1년이 지난 후에도 도시 사냥꾼에 따르면, 상황이 나아지지 않았다고 한다.

그러나 나의 '프랑크푸르트 야생토끼' 파일은 아직 끝나지 않았다. 나는 도시 지역에 사는 야생토끼의 건강상태와 기원에 관한 추가 자료를 수집할 수 있었기 때문이다. 바라건대 이 자료의 분석과 발표가 어둠을 조금 더 밝히게 될 것이다. 그때까지 나는 프랑크푸르트 시내와 외곽에 사는 나의 옛 연구대상의 소재지 정보와 제보를 양팔 벌려 환영한다!

이 이야기의 교훈?

우리는 이제 이 책의 끝부분에 도달했다. 당신은 어땠는지 모르지만, 나는 생명체의 정보 교환에 관한 이 모든 사례를 안 뒤로 매일 새롭게 주변 생명체에게 매료된다. 점점 정확해지는 과학 방법들 덕분에 우리는 과거에 알지 못했던 바이오커뮤니케이션 세계를 이제는 또렷이 볼 수 있다. 가령, 우리는 오늘날 냄새 물질 정보를 받은 유기체의 반응을 세포 차원까지 추적할 수 있다. 18세기의 자연 과학자들을 생각해 보

라. 그들은 당시에 버섯을 생명이 없는 광물로 분류했었다. 오늘날 우리는 버섯이 어떤 의사소통 능력을 가졌는지 안다!

그래서 나는 최신 연구결과들을 공부하면서, 때때로 단세포 생물, 버섯, 식물, 동물의 믿기 어려울 정도로 정확하고 '창의적인' 의사소통에 여전히 감탄한다. 내가 행동생물학을 공부하면서, 나의 고유한 의사소통 발달을 위해 다른 생명체로부터 무엇을 배웠는지 당신에게 귀띔해 주기 전에, 중요한 사실들을 다시 한번 요약해보자.

데이터로 가득한 세계

세상은 데이터로 가득하다. 인간뿐 아니라 모든 생명체를 위한 데이터다. 살아 있는 단세포 생물, 버섯, 식물 혹은 동물이 그들의 수용체로 이 데이터를 감지하면 비로소 그것은 정보가 된다. 생명체가 어떤 수용체를 가졌느냐에 따라 주변에서 얻는 정보가 다르다. 그래서 단세포 생물과 다세포 생물의 발달은 그들의 생활환경 및 '생활방식'과 나란히 함께 간다. 눈을 가진 생명체는 색상, 모양, 움직임 같은 시각 정보를 감지하고 그것을 의사소통에 이용할 수 있다.

한 생명체가 어떤 수신자에게 능동적으로 데이터를 보내려면, 데이터를 운송 가능한 소포로, 그러니까 신호로 만들어야 한다. 이 신호는 '생활환경'이라는 채널을 통해 수신자에게 데이터를 전달한다. 수신자가 이 소포를 '열면', 그러니까 수용체로 신호를 감지하면 데이터는 정보가 된다. 그러므로 정보를 교환하기 위해서는 발신자와 수신자가 공통의 '데이터풀'을 사용해야 한다. 즉 같은 언어를 써야 한다. 그것이 의사소통의 전제조건이다.

꽃은 벌 같은 중매쟁이가 특히 자외선 영역의 전자기 광선을 잘 감지할 수 있음을 '알고 있는 것 같다'. 곤충들은 '붉은색'을 보지 못한다. 그래서 꽃들은 자외선 영역에서 눈에 띄는 패턴으로 벌의 언어를 말한다. 벌을 콕 찍어 유인하기 위해!

주변에서 정보를 얻다: 그리고 이제 당신 차례다!

당연히 우리 인간도 감각기관의 수용체로 주변을 감지한다. 우리는 보고, 듣고, 냄새 맡고, 느끼고, 맛을 본다. 이것은 일상에서 거의 저절로 이루어지고, 우리는 어떤 정보를 매일 받고 처리하는지 종종 인식하지 않는다. 우리는 이 모든 정보가 정말로 필요할까? 우리가 (더는) 중요하게 여기지 않아, 심지어 정보를 잃어버릴 수도 있을까? 나는 당신이 이 질문들을 곰곰이 생각하고, 당신이 어떤 정보를 받는지 의식적으로 감지하기를 권한다. 지금 같이 한 번 해보자. 그것을 위해 당신에게 필요한 것은 스톱워치와 연필 한 자루 그리고 15분이면 충분하다. 먼저 5분 동안 집중해서 주변을 살펴 눈에 보이는 것을 의식적으로 감지하라. 그다음 당신이 보았던 형태, 색상, 움직임 같은 시각 정보들을 기록하라.

무엇을 보았는가?

감지한 정보	반응

다음의 5분은 청각 기관인 귀에 할애한다. 주변에서 들리는 청각 정보는 무엇이고 어디에서 오는가? 이제 다시 당신이 감지한 것을 기록하라.

무엇을 들었는가?

감지한 정보	반응

마지막 5분은 후각 기관인 코에 바친다. 이제 주의 깊게 냄새를 맡고 기록하라.

무슨 냄새를 맡았는가?

감지한 정보	반응

이제 당신이 기록한 것을 다시 한번 살피고, 이 정보가 당신에게 일으키는 반응을 즉흥적으로 적어라. 길게 생각하지 말라. 처음 느낀 충동적 반응이 제일 좋다.

내가 기록한 몇 가지 예시를 소개하면 이렇다.

빨간 원피스 — 예쁘다!

초록 나무 — 편안함

음식 탄내 — 이런 젠장, 또 탔어!

이빨을 드러낸 고양이 — 공격

이 실험에서 알 수 있듯이, 우리는 늘 데이터에 둘러싸여 있고 이것을 정보로 감지한다. 그래서 어떤 정보가 수신자에게 도달하고 그것에 수신자가 어떻게 반응하느냐가 의사소통에서 매우 중요하다. 똑같은 정보라도 특정 동작, 소리 혹은 냄새가 나를 화나게 하기도 하고 아무런 감흥도 주지 않을 수 있다. 바로 그렇기 때문에 의사소통은 방해에 아주 취약하다. 같은 언어를 쓰는 두 사람 사이에서도 같은 단어가 개별 수신자의 해석에 따라 다른 내용을 뜻할 수 있고, 그래서 또한 서로 다른 반응을 보일 수 있다. 그러므로 인간의 언어는 화학 수용체에 냄새 물질이 닿을 때 일어나는 열쇠-자물쇠 원리만큼 정확한 경우는 드물다. 다행히 우리 인간도 비언어적 의사소통 도구를 사용하여, 이성 앞에서 저지른 언어적 실수를 적합한 페로몬으로 제때에 만회할 수 있다. 아무튼, 친절한 미소는 종종 수천 단어의 말보다 더 많은 것을 전달하고, 모든 언어권에서 통한다.

기차여행은 즐거워

여행 중에 나는 종종 아주 흥미로운 대화를 경험한다. 기차나 비행기의 비좁은 공간에서 나는 금세 국제적 동승자와 대화를 나눈다. 인간의 의사소통에서는 문화, 전통, 관습 같은 사회적 관점이 중요한 구실을 한다. 이때 색상과 몸동작은 다양한 의미를 가질 수 있다. 예를 들어, 일본 삿포로에서 열린

학회에서 나는 인생 최대 의사소통 실수를 저질렀다. 내 옆에 앉은 한 젊은 일본인이 강연 중에 무시할 수 없이 큰 소리로 계속해서 코를 훌쩍였다. 나는 친절하게 미소를 지으며 그에게 티슈를 건넸고, 그는 당혹스럽게도 화난 표정으로 그것을 거절했다. 나는 주위를 둘러봤고, 이 장면을 목격한 다른 학회참가자들의 성난 눈초리가 나를 향했다. 여기에 오기 전에 미리 여행안내서를 상세히 공부했더라도 나는 일본에서 티슈를 건네는 행동이 거의 전쟁선포와 같다는 사실을 몰랐다. 일본에서는 '코를 푸는 것'보다 '들이마시는 것'이 더 교양 있는 행동이다.

일본까지 여행을 가지 않더라도 의사소통의 오해는 어디에서나 일어날 수 있다. 나는 기차를 타고 베를린에서 프랑크푸르트로 가고 있었다. 식당칸에서 노트북을 펴고 편안한 시간을 보내고 있을 때, 내 코앞에서 인간의 전형적인 의사소통 장면이 벌어졌다. 한 노신사가 식당칸 주문대에서 커피를 주문하고자 했다.

노신사 커피 한 잔 부탁합니다.
직원 여기에서 마실 건가요 아니면 테이크아웃인가요?
노신사 커피잔이 없습니까?
직원 있어요. 그러니까 여기에서 드실 거네요?

(이때 마주 지나가는 기차가 직원의 말을 삼켰다.)

노신사 무슨 얘기인지 못 들었어요. 나는 커피를 원해요.

직원 커피를 가져가실 거예요?

(노신사의 얼굴이 서서히 붉어졌고 땀이 흘렀으며 목소리가 점점 커졌다.)

노신사 아니오, 커피잔이 없는 겁니까?

(여직원은 점차 짜증이 났는지 입술을 깨물었고, 놀림을 당한다고 생각하는 것 같다.)

직원 그러니까 여기에서 커피를 마시고 싶으신 거죠?

노신사 당연하죠. 아니면 어디에서 마십니까?

(여직원은 입을 꾹 다물고 커피 한 잔을 내주고, 노신사는 돈을 내고 거스름돈 5센트를 모두 팁으로 준다.)

노신사와 식당칸 직원 사이의 의사소통은 10분 가까이 진행되었다. 커피 한 잔을 주문하는 일이었음을 고려할 때, 아주 조심스럽게 주장하건대, 두 사람의 대화는 발신자와 수신자의 최적의 정보 교환이 아니었다. 노신사는 확실히 '테이크 아웃'이 사서 가져간다는 뜻임을 몰랐다. 노신사는 분명 식당칸 직원과 같은 어휘를 사용하지 않았다. 지나가는 기차의 소음으로 발생한 어쩔 수 없는 노인의 청력 감소는 두 사람의 의사소통을 더욱 어렵게 했다. 이 사례에서 발신자와 수신자는 확실히 같은 파장에 있지 않았고 그래서 공명할 수 없었다. 이 상황을 지켜본 다른 승객과 나는 아주 쉽게 '행간을 읽을 수 있었다'. 비록 두 사람이 친절함을 유지하려 애썼고 언성을 높이진 않았지만, 얼굴과 태도가 각자의 고유한 언어를 말했다.

의사소통의 동기: 무슨 얘기가 오가는가?

"어떤 대화는 이틀 동안 회전교차로를 도는 것만큼 정확히 목적지에 안내한다."
　　　　　　　　　　　　　　　　　　　　　　　　　－ 작자 미상

유용한 의사소통에 관해 우리가 가장 많이 배울 수 있는 모범은 우리 주변에 사는 생명체들이다. 그들의 생존은 같은 공간에 사는 수많은 다른 생명체와 얼마나 성공적으로 의사소통하며 조화롭게 사느냐에 달렸기 때문이다. 국가를 이루고 사는 벌 같은 곤충을 떠올려보라. 그들은 온몸으로 유용한 정보를 수많은 동료에게 전달한다. 의사소통은 정보의 발신과 수신을 통해 '무지'를 줄인다. 다시 말해, 누군가와 대화를 나눈 뒤에는 전보다 아는 것이 더 많아진다. 그러므로 우리는 동료들과의 의사소통을 통해 새로운 정보, 즉 유용한 지식을 얻어 일상에 닥친 결정들에 그것을 활용할 수 있다.

다른 사람과 소통이 잘 안 될 때, 나는 속으로 결정적인 질문을 한다. '지금 오가는 얘기의 핵심 주제는 무엇인가?' 자연에서와 마찬가지로 우리 인간도 대화 상대가 누구냐에 따라 의사소통의 동기가 다양할 수 있다. 이미 언급했던 '윈윈 상황'에서는 발신자뿐 아니라 수신자 역시 정보 교환에서 긍정적 이익을 얻는다. 자주 소통하고 싶은 대화 상대를 만났을 때는 처음부터 정직한 정보를 보내는 것이 좋은 생각이다. 예시에서 보았듯이, 그런 의사소통 상황은 무엇보다 친척이나 사업상 동등한 권한을 가진 파트너 사이에 기대될 수 있다. 물론, 남녀 사이의 귀여운 과장과 거짓말은 다른 차원의 얘기다.

일부 비즈니스 상황에서의 대화를 보면, 어쩐지 포식자와 피식자 사이의 의사소통처럼 승리냐 패배냐를 다루는 것 같다. 연봉협상이라면 아마 양측은 대화의 끝에서 서로 다른 이익을 가질 것이다. '서열이 낮은' 당신은 주장을 관철하고자 하고, 순순히 억압되지 않으려 애쓴다. 반면, 평소에는 정확히 그 반대를 하고자 한다. 이를테면 튀지 않고, 오퍼섬 주머니쥐처럼 죽은 척하거나 대문짝넙치처럼 배경과 하나로 합쳐지고자 한다. 지도교수가 박사학위 논문 진행 상황을 물으면, 나는 때때로 이런 능력을 나도 가졌더라면 얼마나 좋을까, 부러워했었다.

주고받는 내용: 실제로 얼마나 많은 정보가 필요한가?

의사소통의 동기를 알면, 정보를 명확하게 보내기가 더 쉽다. 이런 명확성은 정보 발신의 목적을 더 빨리 달성할 수 있게 할 뿐만 아니라 수신자의 시간과 신경 에너지도 절약해준다! 자연의 동식물은 길게 '빙빙 돌려 말할' 시간이 없다. 그들은 신호를 아주 최적화하여, 소통 목적에 필요한 모든 정보를 짧은 시간에 전달한다. 그런데 어떤 정보가 중요하고 혹은 중요하지 않은지를 누가 결정할까? 맞다, 그것은 오로지 수신자의 해석에 달렸다! 그러므로 당신 역시 일상에서 만나는 과제를 성공적으로 처리하려면 어떤 정보가 필요할지 따져볼 수 있다. 혹은 이렇게 물을 수도 있겠다. 어떤 정보를 그냥 무시해도 될까? 그 결과 우리의 일상적인 의사소통 아젠다에도 먹이 찾기, 번식, 스트레스 방지가 올라가 있다.

배가 고파 식당에 간다면, 정보 발신의 동기는 명확하다. 먹이 찾기. 그러나 선택의 폭이 너무 넓어, 무엇을 주문하겠냐는 질문에 나는 종종 이렇게 답한다.

"아직 못 정했어요. 좀 더 봐야겠어요."

대개 5분쯤 뒤에 나는 먹고 싶은 음식을 정하여 종업원에게 주문한다. 이렇듯 자신이 무엇을 원하는지 스스로 모르면, 우리는 또한 명확하게 소통할 수 없다!

자연과의 접촉이 우리의 의사소통에 도움이 되는 이유

긴장이 완전히 풀려 편안한 상태이고, 골치 아픈 일이 없을 때, 우리는 무엇이 우리에게 중요하고 다른 사람들과 무엇에 관하여 얘기를 나누고 싶은지 더 명확하게 알 수 있다. 우리가 스트레스 상황에서 소통하는지 혹은 육체적으로, 정신적으로 균형이 잡힌 상태인지에 따라 다른 사람과의 정보 교환이 질적으로 다르다. 우리는 점점 더 인간이 만든 환경에서의 생활에 익숙해지고, 이것은 당연히 생명체인 우리에게 영향을 미칠 뿐 아니라 또한 인간이 아닌 다른 도시 거주민에게도 영향을 미친다. 많은 연구가 재확인하듯이, 특히 도시에 사는 사람은 끊임없는 스트레스에 노출되고, 숲이나 산 혹은 호숫가 같은 자연에 머무르자마자 이 스트레스가 사라진다.

숲에서 보내는 몇 시간이 즉시 우리의 면역체계와 호르몬 체계에 긍정적인 영향을 미친다. 심지어 일본사람들은 이것에 대한 특별한 단어도 갖고 있다. 신린요쿠. 숲의 공기로 목욕하는 '산림욕'을 뜻한다. 이런 형식의 건강 돌봄은 일본인 사이에 널리 알려졌고, 다양한 숲 관광으로 이어진다.

자연에서 우리는 편안함을 얻고, 우리의 생각은 느려지며, 긴장이 풀린다. 건강한 식단, 신선한 공기를 마시며 움직이기 그리고 넉넉한 이완은 내가 보기에 만족스러운 삶을 위한 열쇠일 뿐 아니라, 당신 자신과 당신의 의사소통에도 도움을 준다.

자, 이제 숲으로 가자

당신은 이 책에서 어떤 이야기에 가장 감탄했는가? 어두운 동굴에서 그리고 심해에서 사용하는 빛 신호? 식물 뿌리와 균근 사이의 의사소통? 아니면 역시 공중변소를 이용하는 야생 토끼?

나에게는 이 모든 각각의 예시가 자연의 절묘한 의사소통 전술의 증거이고, 우리 인간은 모든 면에서 그것에 경의를 표할 수 있다. 의사소통은 인간의 발명품이 아니다. 그것은 이미 생명이 시작된 이래 지구의 모든 생명체를 연결해주었다. 그래서 꽃은 특정 시각 신호를 보내면 수분할 확률이 아주 높다는 것을 확실히 '알고' 있다.

우리는 인간 역시 생명체이고 그래서 이 행성의 거대한 전체의 일부임을 종종 잊는 것 같다. 그러므로 더 자주 산림욕을 하고 더 많은 시간을 자연에서 보내자. 만약 이미 자연에 있다면, 가족과 친구, 상사도 동참시키자! 어쩌면 이런 방식으로, 우리는 새로운 아이디어를 주는 예기치 않은 정보를 얻을지도 모른다. 만약 그렇다면, 주변의 생명체들과 그것을 공유하자. 우리가 미래에 '자연의 언어'를 꿰뚫어 보고 놀라운 통찰력으로 모든 것을 예상할 수 있게 될지 누가 알겠는가!

마지막으로 한 가지는 확실하다. 살아 있는 모든 것은 정보를 주고받는다!

매미 시끄럽다 욕하지 마라.
한번이라도 그렇게 처절하게 애쓴 적이 있었느냐!

숲이 고요하지 않다고? 번잡한 도심을 떠나 고요히 머리를 식히고 마음도 달래고 싶을 때 찾는 곳이 바로 숲 아닌가? 홀로 걸으며 평온을 느끼고 멀리서 들리는 새들의 지저귐에서 기분 좋은 명랑을 상상하고 부드럽게 스치는 바람에 흐뭇함을 느끼는 고요한 숲. 특히 이른 아침 숲은 어찌나 고요한지 그 고요를 깨는 나의 가쁜 호흡이 미안할 때도 있었는데?

제목을 보고 속으로 이렇게 따지며 책장을 넘겼고, 서문에서 다음의 문장을 만났다.

"숲이 고요하다고 생각하는가? 그렇다면 당신은 아직 제대로 귀 기울여 듣지 않았다!"

그제야 나는 '아하!' 소리와 함께 고개를 끄덕였다. 20년 전쯤 어느 날, 대도시 높은 타워에 올라 아름다운 야경을 봤던 때가 생각났다. 화려하게 반짝이는 불빛들이 은하수 같기도 하고 다이아몬드 알갱이를 뿌려놓은 것 같기도 한 것이, 그것을 바라보는 내 눈과 옆 사람의 눈까지 반짝반짝 아름답게 했었다. 그런데, 왜 그랬을까? 그냥 갑자기 문득 슬펐다. 빛나는 불빛의 출발지를 생각했기 때문이다. 빛나는 불빛 하나하나는 집, 빌딩, 도로, 상점 등등에서 켜 놓은 전등불일 터! 그 전등 하나하나에는 다양한 사연들이 깃들어 있고, 희로애락과 뒤엉켜 지지고 볶는 저마다의 삶이 있지 않겠나. 멀리서 큰 덩어리로 보는 야경은 아름답지만, 불빛 하나하나를 자세히 보면 그저 아름답지만은 않다. 숲도 그런 것이다. 멀리서 숲 전체를 보면 고요한 자연이지만, 숲을 이루는 수많은 생명체 하나하나를 자세히 보면 절대 고요하지 않다. 우리가 듣지 못할 뿐, 숲은 생명체들의 정보교환으로 시끌벅적하다.

생명체들의 정보교환은 처절하고, 때로는 목숨도 걸어야 한다. 그 사례를 아마 이 책에서 수없이 읽게 되리라. 천적이나 경쟁자를 따돌리고, 점찍은 수신자에게 정확히 정보를 전달하는 일은 쉽지 않다. 그들에게는 글도 없고, 정교한 언어도 없고, 스마트폰도 없다. 그럼에도 온몸으로 최선을 다해 소통하고, 그렇게 생존하여 종족보존에 성공한다. 그렇다고, 숲의 생명체들이 열악한 조건 속에서 최소한의 소통만 겨우 성공하는 건 아니다. 그렇게 생각했다면, 그것은 오만 섞인 착각이다.

그렇다면, 인간이 자랑스러워하는 언어가 과연 뻐길만한 최고의 소통수단일까? 우리가 언어로 주고받는 소통의 양과 질이 과연 개들이 냄새로 주고받는 것보다 더 낫다고 할 수 있을까? 문자를 보낼 때 덧붙이는 이모티콘을 보라. 물론, 귀찮아서 이모티콘만 보낼 때도 있지만, 대개는 글만으로는 감정이 전달되지 않아 생길 수 있는 오해를 막기 위한 최소한의 노력이다. 그뿐이랴. 글만으로는 오해가 생길 수도 있어, 통화를 했으면 할 때도 있고, 통화만으로는 부족하여 만나서 설명을 하고 싶을 때도 있다. 만나서 설명을 해도 오해가 생긴다. 실정이 이러한데, 과연 인간의 언어를 1등 소통수단이라 자부할 수 있을까?

인간을 포함한 모든 생명체의 궁극적 목표는 생존과 종족보존이다. 결국, 소통도 그것을 위해 필요하다. 이 책에서 보듯이 생명체는 살기 위해 다른 생명을 죽이고, 종족을 보존하기 위해 제 목숨을 건다. 그렇게 열심히 처절하게 소통을 위해 애쓴다. 아! 나는 소통을 위해 그렇게 열심히 애쓴 적이 있었던가? 없었던 것 같다! 애쓰기는커녕 불통의 책임을 상대방에게 돌리며 살았던 것 같다. 이런 성찰의 기회를 얻었다는 것만으로도 이 책을 읽은 보람이 있다.

여담으로 말하면, 내게는 좋은 책과 평범한 책을 구분하는 나만의 기준이 있다. "읽은 뒤에 내게 변화가 있는가?"를 묻는 것이다. 이 책에서 나의 대답은 매우 큰 '그렇다'이다. 나는 이제 주변을 다른 눈으로 보기 시작했다. 길거리에서 개똥을 보면, 개와 개 주인을 싸잡아 욕했던 내가 지금은 똥을 치우는 개 주인을 보며, '기껏 똥을 싸서 정보를 보내려는데, 바로 치워버리니 개 입장에서는 얼마나 허무할까' 생각한다. 새소리가 마냥 즐거운 지저귐으로 들리지 않는다. 그리고 결심한다. 올여름에는 매미 소리가 아무리 시끄럽더라도 짜증 내지 말아야지! '응답을 받았을까?' 궁금해하며 응원하리라. 바라건대, 많은 독자가 이런 변화를 경험하기를.

끝으로, 이 자리를 빌려 고마운 사람들에게 인사를 전하고 싶다.

샘플번역 단계부터 번역일정 내내 세심하게 중재해준 바른번역 장지현 팀장님과 민주희님, 첫 번째 독자로서 번역원고를 읽어봐 주고 어색한 문장을 지적해준 남편, 컴퓨터 앞에서 일하다 혹시라도 건강 해칠까 노심초사하며 늘 기도해 주는 엄마, 맛난 거 하나라도 더 챙겨 먹이시려는 세상 다정한 시부모님!

모두 감사해요.

참고문헌

전체 참고 도서

Ahne W, Liebich HW, Stohrer M, Wolf E (2000) Zoologie: Lehrbuch für Studierende der Veterinärmedizin und Agrarwissenschaften, mit 25 Tabellen; Glossar mit 551 Stichwörtern. Schattauer Verlagsgesellschaft mbH, Stuttgart, New York.

Bear MF, Connors BW, Paradiso MA (2018) Neurowissenschaften: Ein grundlegendes Lehrbuch für Biologie, Medizin und Psychologie. 4. Auflage. Springer-Verlag, Berlin, Heidelberg.

Bradbury JW, Vehrencamp SL (1998) Principles of Animal Communication, 2nd Edition. Sinauer Associates, Sunderland, MA.

Campbell NA, Reece JB (2011) Biologie: gymnasiale Oberstufe, Band 4900 von Pearson Schule Pearson Studium-Biologie Schule. Pearson Deutschland GmbH.

Duden (2016) Deutsches Universalwörterbuch: Das umfassende Bedeutungswörterbuch der deutschen Gegenwartssprache. Bibliographisches Institut.

Eckert R, Randall DJ, Burggren W, French K (2002) Tierphysiologie, 4. Auflage. Georg Thieme Verlag, Stuttgart, New York.

Frings S, Müller F (2019) Biologie der Sinne: Vom Molekül zur

Wahrnehmung. 2. Auflage Springer-Verlag, Berlin, Heidelberg.

Gruner HE, Kaestner A (1993) Lehrbuch der speziellen Zoologie. Band I: Wirbellose Tiere. Teil 1: Einführung, Protozoa, Placozoa, Porifera. Fischer Verlag, Stuttgart.

Heldmaier G, Neuweiler G, Rössler W (2013) Vergleichende Tierphysiologie: Neuro-und Sinnesphysiologie. Springer-Verlag, Berlin, Heidelberg.

Kappeler P (2006) Verhaltensbiologie. Springer-Verlag, Berlin, Heidelberg.

Leonard AS, Jacob S F (2017) Plant-animal communication: past, present and future. Evol Ecol 31:143-151.

Maynard Smith J, Harper D (2003) Animal Signals. Oxford University Press, Oxford.

Müller WA, Frings S, Möhrlen F (2019) Tier-und Humanphysiologie: Eine Einführung, 6. Auflage. Springer-Verlag, Berlin Heidelberg.

Poeggel G (2013) Kurzlehrbuch Biologie, 3. Auflage. Georg Thieme Verlag, Stuttgart.

Schaefer HM, Ruxton GD (2011) Plant-Animal Communication, 1st Edition. OUP Oxford.

Seyfarth RM, Cheney DL (2003) Signalers and Receivers in Animal Communication. Annu Rev Psychol 54:145-173.

Sitte P, Strasburger E, Weiler EW, et al (2002) Strasburger-Lehrbuch der Botanik für Hochschulen, 35. Auflage. Spektrum Akademischer Verlag, Heidelberg, Berlin.

Wehner R, Gehring WJ (2007) Zoologie: 17 Tabellen; Glossar mit 830 Stichworten. 24. Auflage. Georg Thieme Verlag. Stuttgart.

Wilczynski W, Ryan MJ (1999) Geographic variation in animal communication systems. In: Foster S, Endler JA (eds) Geographic Variation in Behavior, Perspectives on Evolutionary Mechanisms. Oxford University Press, New York, Oxford.

Witzany G (2013) Biocommunication of animals. In: Biocommunication of Animals. pp 1-420.

Witzany G (2017) Key levels of biocommunication. In: Biocommunication:

Sign-Mediated Interactions between Cells and Organisms. World Scientific, pp 37-61.

Ziege M, Babitsch D, Brix M, et al (2013) Anpassungsfähigkeit des Europäischen Wildkaninchens (Oryctolagus cuniculus) entlang eines rural-urbanen Gradienten. Beiträge zur Jagd-und Wildforsch 38:189-199.

Ziege M, Brix M, Schulze M, et al (2015) From multifamily residences to studio apartments: Shifts in burrow structures of European rabbits along a rural-to-urban gradient. J Zool 295:286-293.

Ziege M, Babitsch D, Brix M, et al (2016) Extended diurnal activity patterns of European rabbits along a rural-to-urban gradient. Mamm Biol 81:534-541.

Ziege M, Bierbach D, Bischoff S, et al (2016) Importance of latrine communication in European rabbits shifts along a rural-to-urban gradient. BMC Ecol 16:. doi: 10.1186/s12898-016-0083-y.

Ziege M, Mahlow K, Hennige-Schulz C, et al (2009) Audience effects in the Atlantic molly (Poecilia mexicana)-prudent male mate choice in response to perceived sperm competition risk? Front Zool 6:1-8.

Zrzavý J, Storch D, Mihulka S (2009) Evolution: Ein Lese-Lehrbuch. 2. Auflage. Springer-Verlag, Berlin, Heidelberg.

서문

Billiard S, López-Villavicencio M, Devier B, et al (2011) Having sex, yes, but with whom? Inferences from fungi on the evolution of anisogamy and mating types. Biol Rev 86:421-442.

Eisler R (1912) Philosophen-Lexikon. In: Bertram M (ed) Geschichte der Philosophie. Directmedia Publ., Berlin, p 22031.

Griffin AS (2004) Social learning about predators: a review and prospectus. Learn Behav 32:131-40.

Huber H, Hohn MJ, Rachel R, et al (2002) A new phylum of Archaea represented by a nanosized hyper-thermophilic symbiont. Nature 417:63-67.

Jahn U, Gallenberger M, Paper W, et al (2008) Nanoarchaeum

equitans and Ignicoccus hospitalis: New insights into a unique, intimate association of two archaea. J Bacteriol 190:1743-1750.

Matsuhashi M, Pankrushina AN, Takeuchi S, et al (1998) Production of sound waves by bacterial cells and the response of bacterial cells to sound. J Gen Appl Microbiol 44:49-55.

Ritchie D (1986) Shannon and Weaver: Unravelling the paradox of information. Communic Res 13:278-298.

Seyfarth RM, Cheney DL (2003) Signalers and Receivers in Animal Communication. Annu Rev Psychol 54:145-173.

Shannon CE (1948) A mathematical theory of communication. Bell Syst Tech J 27:379-423.

Shannon CE, Weaver W (1998) The mathematical theory of communication. University of Illinois press.

Tembrock G (2003) Biokommunikation: Nachrichtenübertragung zwischen Lebewesen. In: Kallinich J, Spengler G (eds) Tierische Kommunikation, Braus. Heidelberg, pp 9-27.

Wilczynski W, Ryan MJ (1999) Geographic variation in animal communication systems. In: Foster S, Endler JA (eds) Geographic Variation in Behavior, Perspectives on Evolutionary Mechanisms. Oxford University Press, New York, Oxford, p 234.

Wiley RH (1983) The evolution of communication: information and manipulation. In: Halliday TR, Slater PB (eds) Animal Behaviour, 2nd edn. Oxford (UK): Blackwell Scientific, pp 156-189.

Witzany G (2013) Biocommunication of animals. Springer-Verlag, Heidelberg, New York London.

Witzany G (2017) Key levels of biocommunication. In: Biocommunication: Sign-Mediated Interactions between Cells and Organisms. World Scientific, pp 37-61.

1장

Baluška F, Mancuso S (2018) Plant Cognition and Behavior: From Environmental Awareness to Synaptic Circuits Navigating Root Apices. In: Baluška F, Gagliano M, Witzany G (eds) Memory and Learning in

Plants. Springer International Publishing, Cham, pp 51-77.

Barja I, List R (2006) Faecal marking behaviour in ringtails (Bassariscus astutus) during the non-breeding period: spatial characteristics of latrines and single faeces. Chemoecology 16:219-222.

Blackledge TA (1998) Signal conflict in spider webs driven by predators and prey. Proc R Soc London Ser B Biol Sci 265:1991-1996.

Böhle M, Oertel H, Ehrhard P, et al (2013) Prandtl-Führer durch die Strömungslehre: Grundlagen und Phänomene. In: 12. Auflage. Vieweg+Teubner Verlag, Wiesbaden, p 656.

Bull CM, Griffin CL, Johnston GR (1999) Olfactory discrimination in scat-piling lizards. Behav Ecol 10:136-140.

Dettner K, Peters W (2011) Lehrbuch der Entomologie, 2. Auflage. Springer-Verlag, Berlin, Heidelberg.

Gagliano M (2012) Green symphonies: A call for studies on acoustic communication in plants. Behav Ecol 24:789-796.

Gagliano M, Grimonprez M (2015) Breaking the Silence-Language and the Making of Meaning in Plants. Ecopsychology 7:145-152.

Gagliano M, Mancuso S, Robert D (2012) Towards understanding plant bioacoustics. Trends Plant Sci 17:323-325.

Hesterman ER, Mykytowycz R (1968) Some observations on the odours of anal gland secretions from the rabbit, Oryctolagus cuniculus (L.). CSIRO Wildl Res 13:71-81.

Hughes M (1996) Size assessment via a visual signal in snapping shrimp. Behav Ecol Sociobiol 38:51-57.

Kurzweil P, Frenzel B, Gebhard F (2009) Physik Formelsammlung: mit Erläuterungen und Beispielen aus der Praxis für Ingenieure und Naturwissenschaftler. Vieweg+Teubner Verlag, Wiesbaden.

Li Q, Wang J, Sun H-Y, Shang X (2014) Flower color patterning in pansy (Violax wittrockiana Gams.) is caused by the differential expression of three genes from the anthocyanin pathway in acyanic and cyanic flower areas. Plant Physiol Biochem 84:134-141.

Luginbühl P, Ottiger M, Mronga S, Wüthrich K (1994) Structure comparison of the pheromones Er-1, Er-10, and Er-2 from Euplotes raikovi. Protein Sci 3:1537-1546.

MacGinitie GE, MacGinitie N (1949) Natural History of Marine Animals. McGraw-Hill Book Company, New York.

Matsuhashi M, Pankrushina AN, Takeuchi S, et al (1998) Production of sound waves by bacterial cells and the response of bacterial cells to sound. J Gen Appl Microbiol 44:49-55.

Mykytowycz R (1968) Territorial marking by rabbits. Sci Am 218:116-126.

Mykytowycz R (1974) Odor in the spacing behaviour of mammals. In: Birch MC (ed) Pheromones. Amsterdam: North-Holland, pp 327-343.

Mykytowycz R, Gambale S (1969) The Distribution of Dung-Hills and the Behaviour of free living Wild Rabbits, Oryctolagus cuniculus (L.), on them. Forma Funct 1:333-349.

Mykytowycz R, Hestermann ER (1975) An Experimental Study of Aggression in Captive European Rabbits, Oryctolagus cuniculus. Behaviour 52:104-123.

Ritzmann RE (1974) Mechanisms for the snapping behavior of two alpheid shrimp; Alpheus californiensis and Alpheus heterochelis. J Comp Physiol 95:217-236.

Schein H (1975) Aspects of the aggressive and sexual behaviour of Alpheus heterochaelis. Mar Freshw Behav Physiol 3:83-96.

Schön Ybarra MA (1986) Loud Calls of adult male red howling monkeys (Alouatta seniculus). Folia Primatol 47:204-216.

Takahashi H, Suge H, Kato T (1991) Growth promotion by vibration at 50 Hz in rice and cucumber seedlings. Plant Cell Physiol 32:729-732.

Tuxen SL (1967) Insektenstimmen. Springer-Verlag, Berlin, Heidelberg.

Versluis M, Schmitz B, Von der Heydt A, Lohse D (2000) How snapping shrimp snap: Through cavitating bubbles. Science 289:2114-2117.

von Byern, J., Dorrer, V., Merritt, D.J., Chandler, P., Stringer, I., Marchetti-Deschmann, M., McNaughton, A., Cyran, N., Thiel, K.,

Noeske, M. & Grunwald, I. (2016). Characterization of the fishing lines in Titiwai (=Arachnocampa luminosa Skuse, 1890) from New Zealand and Australia. PLoS One 11, e0162687.

Wronski T, Plath M (2010) Characterization of the spatial distribution of latrines in reintroduced mountain gazelles (Gazella gazella): do latrines demarcate female group home ranges? J Zool 280:92-101.

Zollner PA, Smith WP, Brennan LA (1996) Characteristics and adaptive significance of latrines of swamp rabbits (Sylvilagus aquaticus). J Mammal 77:1049-1058.

2장

Blaxter JHS, Denton EJ, Gray JAB (1981) Acousticolateralis system in clupeid fishes. In: Tavolga WN, Popper AN, Fay RR (eds) Hearing and Sound Communication in Fishes. Springer-Verlag, New York, pp 39-56.

Boistel R, Aubin T, Cloetens P, et al (2011) Whispering to the deaf: Communication by a frog without external vocal sac or tympanum in noisy environments. PLoS One 6:e22080. doi: 10.1371/journal.pone.0022080.

Cator LJ, Arthur BJ, Harrington LC, Hoy RR (2009) Harmonic convergence in the love songs of the dengue vector mosquito. Science 323:1077-1079.

Eckert R, Randall DJ, Burggren W, French K (2002) Tierphysiologie, 4. Auflage. Georg Thieme Verlag, Stuttgart, New York.

Ehret G, Tautz J, Schmitz B, Narins PM (1990) Hearing through the lungs: lung-eardrum transmission of sound in the frog Eleutherodactylus coqui. Naturwissenschaften 77:192-194.

Fiedler K, Lieder J (1994) Mikroskopische Anatomie der Wirbellosen. Gustav Fischer Verlag, Stuttgart.

Glaeser G, Paulus HF (2014) Linsenaugen oder Facettenaugen. In: Glaeser G, Paulus HF (eds) Die Evolution des Auges-Ein Fotoshooting. Springer Spektrum, Berlin, Heidelberg, pp 16-59.

Hase A (1923) Ein Zwergwels, der kommt, wenn man ihm pfeift.

Naturwissenschaften 11:967.

Hetherington TE (1992) The effects of body size on functional properties of middle ear systems of anuran amphibians. Brain, Behav Evol 39:133-142.

Kurzweil P, Frenzel B, Gebhard F (2009) Physik Formelsammlung: mit Erläuterungen und Beispielen aus der Praxis für Ingenieure und Naturwissenschaftler. Vieweg+Teubner Verlag, Wiesbaden.

Ladich F (2013) Akustische Kommunikation bei Fischen: Lautbildung, Hören und der Einfluss von Lärm. In: Sitzungsberichte der Gesellschaft Naturforschender Freunde zu Berlin. pp 83-94.

Lenz P, Hartline DK, Purcell J, Macmillian D (1995) Zooplankton: Sensory Ecology and Physiology. CRC Press.

Lindquist ED, Hetherington TE, Volman SF (1998) Biomechanical and neurophysiological studies on audition in eared and earless harlequin frogs (Atelopus). J Comp Physiol – A Sensory, Neural, Behav Physiol 183:265-271.

Lindquist ED, Hetherington TE (1996) Field Studies on Visual and Acoustic Signaling in the »Earless« Panamanian Golden Frog, Atelopus zeteki. J Herpetol 30:347-354.

Mischiati M, Lin HT, Herold P, et al (2015) Internal models direct dragonfly interception steering. Nature 517:333-338.

Miyoshi N, Kawano T, Tanaka M, et al (2003) Use of Paramecium Species in Bioassays for Environmental Risk Management: Determination of IC50 Values for Water Pollutants. J Heal Sci 49:429-435.

Montealegre-Z F, Robert D (2015) Biomechanics of hearing in katydids. J Comp Physiol – A 201:5-18.

Montealegre-Z. F, Jonsson T, Robson-Brown KA, et al (2012) Convergent evolution between insect and mammalian audition. Science 338:968-971.

Neuweiler G, Heldmaier G (2003) Das Seitenliniensystem. In: Vergleichende Tierphysiologie: Neuro- und Sinnesphysiologie. Springer-Verlag, Berlin, Heidelberg, pp 199-209.

Plath M, Parzefall J, Körner KE, Schlupp I (2004) Sexual selection in darkness? Female mating preferences in surface-and cave-dwelling Atlantic mollies, Poecilia mexicana (Poeciliidae, Teleostei). Behav Ecol Sociobiol 55:596-601.

Schmidt RF, Lang F, Heckmann M (2007) Physiologie des Menschen: Mit Pathophysiologie. 30. Auflage. Springer-Verlag, Berlin, Heidelberg.

Schulz-Mirbach T, Metscher B, Ladich F (2012) Relationship between Swim bladder morphology and hearing abilities-A case study on Asian and African Cichlids. PLoS One 7:e42292. doi: 10.1371/journal.pone.0042292.

Stout JD (1956) Reaction of Ciliates to Environmental Factors. Ecology 37:178-191.

Womack MC, Christensen-Dalsgaard J, Coloma LA, Hoke KL (2018) Sensitive high-frequency hearing in earless and partially eared harlequin frogs (Atelopus). J Exp Biol 221:jeb169664. doi: 10.1242/jeb.169664.

Wörner FG (2015) Schleiereule und Waldkauz Zwei Bewohner der »Eulenscheune« im Tierpark Niederfischbach. fwö 06:1-28. Young BA (2003) Snake bioacoustics: toward a richer understanding of the behavioural ecology of snakes. Q Rev Biol 78:303-325.

3장

Bubendorfer S (2013) Flagellen-vermittelte Motilität in Shewanella: Mechanismen zur effektiven Fortbewegung in S. putrefaciens CN-32 und S. oneidensis MR-1. Doktorarbeit. Philipps-Universität Marburg.

Buonanno F, Harumoto T, Ortenzi C (2013) The Defensive Function of Trichocysts in Paramecium tetraurelia Against Metazoan Predators Compared with the Chemical Defense of Two Species of Toxin-containing Ciliates. Zoolog Sci 30:255-261.

Fritsche O (2016) Mikrobiologie. Springer-Verlag, Berlin, Heidelberg.

Harumoto T, Miyake A (1991) Defensive function of trichocysts in

Paramecium. J Exp Zool 260:84-92.

Heitman J (2015) Evolution of sexual reproduction: A view from the fungal kingdom supports an evolutionary epoch with sex before sexes. Fungal Biol Rev 29:108-117.

Horiuchi J, Prithiviraj B, Bais HP, et al (2005) Soil nematodes mediate positive interactions between legume plants and rhizobium bacteria. Planta 222:848-857.

Jarrell KF, McBride MJ (2008) The surprisingly diverse ways that prokaryotes move. Nat Rev Microbiol 6:466-476.

Kirk DL (2004) Volvox. Curr Biol 14:R599-R600.

Lenz P, Hartline DK, Purcell J, Macmillian D (1995) Zooplankton: Sensory Ecology and Physiology. CRC Press.

Liu DWC, Thomas JH (1994) Regulation of a periodic motor program in C. elegans. J Neurosci 14:1953-1962.

Magariyama Y, Sugiyama S, Muramoto Y, et al (1994) Very fast flagellar rotation. Nature 371:752.

Matsuhashi M, Pankrushina AN, Takeuchi S, et al (1998) Production of sound waves by bacterial cells and the response of bacterial cells to sound. J Gen Appl Microbiol 44:49-55.

Maynard Smith J (1971) What use is sex? J Theor Biol 30:319-335.

Munk K, Requena N, Fischer R (2008) Taschenlehrbuch Biologie: Mikrobiologie, 2. Auflage. Georg Thieme Verlag, Stuttgart.

Narra HP, Ochman H (2006) Of What Use Is Sex to Bacteria? Curr Biol 16:705-710.

Pandya S, Iyer P, Gaitonde V, et al (1999) Chemotaxis of rhizobium SP.S2 towards Cajanus cajan root exudate and its major components. Curr Microbiol 38:205-209.

Sapper N, Widhalm H (2001) Einfache biologische Experimente. Ein Handbuch – nicht nur für Biologen. öbv & hpt, Stuttgart.

Schopf JW, Kitajima K, Spicuzza MJ, et al (2018) SIMS analyses of the oldest known assemblage of microfossils document their taxon-correlated carbon istotope compositions. Proc Natt Acad Sci 115:53 LP-58. doi: 10.1073/ pnas.1718063115.

Silva-Junior EA, Ruzzini AC, Paludo CR, et al (2018) Pyrazines from bacteria and ants: Convergent chemistry within an ecological niche. Sci Rep 8:2595. doi: 10.1038/s41598-018-20953-6.

Troemel ER, Kimmel BE, Bargmann CL (1997) Reprogramming chemotaxis responses: Sensory neurons define olfactory preferences in C. elegans. Cell 91:161-169.

Wendel C (2001) Biologische Grundversuche, S I. Bd. 1. Köln.

Werner D (1992) Physiology of nitrogen-fixing legume nodules: compartments and functions. In: Stacy G, Evans HJ, Burris RH (eds) Biological nitrogen fixation. Verlag Chapman and Hall, London, pp 399-431.

Wheeler JW, Blum MS (1973) Alkylpyrazine alarm pheromones in ponerine ants. Science 182:501-503.

Wicklow BJ (1997) Signal-induced Defensive Phenotypic Changes in Ciliated Protists Morphological and Ecological Implications for Predator and Prey. J Eukaryot Microbiol 44:176-188.

Witzany G (2011) Biocommunication in Soil Microorganisms. Springer Science & Business Media. Heidelberg, London, New York.

4장

Adamo SA (1998) Feeding suppression in the tobacco hornworm, Manduca sexta: costs and benefits to the parasitic wasp Cotesia congregata. Can J Zool 76:1634-1640.

Allmann S, Baldwin IT (2010) Insects betray themselves in nature to predators by rapid isomerization of green leaf volatiles. Science 329:1075-1078.

Appel HM, Cocroft RB (2014) Plants respond to leaf vibrations caused by insect herbivore chewing. Oecologia 175:1257-1266.

Balan J, Lechevalier HA (1972) The Predaceous Fungus Arthrobotrys dacty loides: Induction of Trap Formation. Mycologia 64:919-922.

Baldwin IT, Schultz JC (1983) Rapid changes in tree leaf chemistry induced by damage: evidence for communication between plants. Science 221:277-279

Baluška F, Mancuso S (2018) Plant Cognition and Behavior: From Environmental Awareness to Synaptic Circuits Navigating Root Apices. In: Baluška F, Gagliano M, Witzany G (eds) Memory and Learning in Plants. Springer International Publishing, Cham, pp 51-77.

Bauer U, Bohn HF, Federle W (2008) Harmless nectar source or deadly trap: Nepenthes pitchers are activated by rain, condensation and nectar. Proc R Soc B Biol Sci 275:259-265.

Billiard S, López-Villavicencio M, Devier B, et al (2011) Having sex, yes, but with whom? Inferences from fungi on the evolution of anisogamy and mating types. Biol Rev 86:421-442.

Bohn HF, Federle W (2004) Insect aquaplaning: Nepenthes pitcher plants capture prey with the peristome, a fully wettable water-lubricated anisotropic surface. Proc Natl Acad Sci 101:14138-14143.

Bouwmeester HJ, Verstappen FWA, Posthumus MA, Dicke M (1999) Spider Mite-Induced (3 S)-(E)-Nerolidol Synthase Activity in Cucumber and Lima Bean. The First Dedicated Step in Acyclic C11-Homoterpene Biosynthesis. Plant Physiol 121:173-180.

Calvo P (2016) The philosophy of plant neurobiology: a manifesto. Synthese 193:1323-1343.

Clarke CM, Kitchings RL (1995) Swimming ants and pitcher plants: A unique ant-plant interaction from Borneo. J Trop Ecol 11:589-602.

de Jager ML, Willis-Jones E, Critchley S, Glover BJ (2017) The impact of floral spot and ring markings on pollinator foraging dynamics. Evol Ecol 31:193-204.

de la Pena C, Badri CD V, Loyola-Vargas V (2012) Plant root secretions and their interactions with neighbors. In: Vivanco J M, Baluška F (eds) Secretions and Exudates in Biological Systems. Springer-Verlag, Berlin, Heidelberg, pp 1-26.

Elhakeem A, Markovic D, Broberg A, et al (2018) Aboveground mechanical stimuli affect belowground plant-plant communication. PLoS One 13:1-15.

Evans HC, Elliot SL, Hughes DP (2011) Ophiocordyceps unilateralis: A keystone species for unraveling ecosystem functioning and biodiversity of fungi in tropical forests? Commun Integr Biol 4:598-602.

Gagliano M (2012) Green symphonies: A call for studies on acoustic communication in plants. Behav Ecol 24:789-796.

Gagliano M, Grimonprez M (2015) Breaking the Silence – Language and the Making of Meaning in Plants. Ecopsychology 7:145-152.

Gagliano M, Grimonprez M, Depczynski M, Renton M (2017) Tuned in: plant roots use sound to locate water. Oecologia 184:151-160.

Gagliano M, Mancuso S, Robert D (2012) Towards understanding plant bioacoustics. Trends Plant Sci 17:323-325.

Gagliano M, Renton M (2013) Love thy neighbour: Facilitation through an alternative signalling modality in plants. BMC Ecol 13:1-6.

Geng S, De Hoff P, Umen JG (2014) Evolution of Sexes from an Ancestral Mating-Type Specification Pathway. PLoS Biol 12:e1001904. doi: 10.1371/ journal.pbio.1001904.

Ghergel F, Krause K (2012) Role of Mycorrhiza in Re-forestation at Heavy Metal-Contaminated Sites. In: Bio-geo Interactions in Metal-Contaminated Soils. Springer-Verlag, Berlin, Heidelberg, pp 183-199.

Heil M, Karban R (2010) Explaining evolution of plant communication by airborne signals. Trends Ecol Evol 25:137-144.

Hughes DP, Wappler T, Labandeira CC (2010) Ancient death-grip leaf scars reveal ant-fungal parasitism. Biol Lett 7:67-70.

Jansson H-B, Nordbring-Hertz B (1979) Attraction of Nematodes to Living Mycelium of Nematophagous Fungi. J Gen Microbiol 112:89-93.

Karban R, Baldwin IT (1997) Induced Responses to Herbivory. University of Chicago Press

Karban R, Shiojiri K, Ishizaki S, et al (2013) Kin recognition affects plant communication and defence. Proc R Soc B Biol Sci 280:20123062.

Karban R, Yang LH, Edwards KF (2014) Volatile communication between plants that affects herbivory: A meta-analysis. Ecol Lett 17:44-52.

Kessler A, Baldwin IT (2001) Defensive function of herbivore-induced plant volatile emissions in nature. Science 291:2141-2144.

Kothe E (2016) Signalmoleküle in der Mykorrhizasymbiose. In: Die Sprache der Moleküle – Chemische Kommunikation in der Natur. Dr. Friedrich Pfeil, München, pp 93-103.

Kück U, Wolff G (2014) Botanisches Grundpraktikum. 3. Auflage. Springer-Verlag, Berlin, Heidelberg.

Kullenberg B (1961) Studies in Ophrys pollination. Zool Bidr från Uppsala 34:1-340.

Mattiacci L, Dicke M, Posthumus MA (2006) beta-Glucosidase: an elicitor of herbivore-induced plant odor that attracts host-searching parasitic wasps. Proc Natl Acad Sci 92:2036-2040.

Moran JA, Webber EB, Joseph KC (1999) Aspects of Pitcher Morphology and Spectral Characteristics of Six Bornean Nepenthes Pitcher Plant Species: Implications for Prey Capture. Ann Bot 83:521-528.

Nilsson LA (1983) Mimesis of bellflower (Campanula) by the red helleborine orchid Cephalanthera rubra. Nature 305:799-800.

Paulus HF (2018) Pollinators as isolation mechanisms: field observations and field experiments regarding specificity of pollinator attraction in the genus Ophrys (Orchidaceae und Insecta, Hymenoptera, Apoidea). Entomol Gen 37:261-316.

Qadri AN (1989) Fungi associated with sugarbeet cyst nematode in Jerash, Jordan.

Rhoades DF (1983) Responses of alder and willow to attack by tent caterpillars and webworms: evidence for pheromonal sensitivity of willows. Plant Resist. to insects 208:4-55.

Schaefer HM, Schaefer V, Levey DJ (2004) How plant-animal interactions signal new insights in communication. Trends Ecol Evol 19:577-584.

Schaefer M, Ruxton GD (2004) Communication and the evolution of plant – animal interactions. In: Schaefer HM, Ruxton GD (eds) Plant-Animal Communication. Oxford Scholarship Online, pp 1-20.

Schenk HJ, Callaway RM, Mahall BE (1999) Spatial Root Segregation:

Are Plants Territorial? Adv Ecol Res 28:145-180.

Siddiqui ZA, Mahmood I (1996) Biological control of plant parasitic nematodes by fungi: A review. Bioresour Technol 58:229-239.

Stanley DA, Otieno M, Steijven K, et al (2016) Polliantion ecology of Desmodium setigerum (Fabaceae) in Uganda; do big bees do it better? J Pollinat Ecol 19:43-49.

Takabayashi J, Sabelis MW, Janssen A, et al (2006) Can plants betray the presence of multiple herbivore species to predators and parasitoids? The role of learning in phytochemical information networks. Ecol Res 21:3-8.

Thornham DG, Smith JM, Ulmar Grafe T, Federle W (2012) Setting the trap: Cleaning behaviour of Camponotus schmitzi ants increases long-term capture efficiency of their pitcher plant host, Nepenthes bicalcarata. Funct Ecol 26:11-19.

van Dam NM, Bouwmeester HJ (2016) Metabolomics in the Rhizosphere: Tapping into Belowground Chemical Communication. Trends Plant Sci 21:256-265.

Wagner K, Linde J, Krause K, et al (2015) Tricholoma vaccinum host communication during ectomycorrhiza formation. FEMS Microbiol Ecol 91:fiv120.

Wells K, Lakim MB, Schulz S, Ayasse M (2011) Pitchers of Nepenthes rajah collect faecal droppings from both diurnal and nocturnal small mammals and emit fruity odour. J Trop Ecol 27:347-353.

Westerkamp C (1997) Keel blossoms: Bee flowers with adaptations against bees. Flora 192:125-132.

Willmer P, Stanley DA, Steijven K, et al (2009) Bidirectional Flower Color and Shape Changes Allow a Second Opportunity for Pollination. Curr Biol 19:919-923.

Wu J, Hettenhausen C, Schuman MC, Baldwin IT (2008) A Comparison of Two Nicotiana attenuata Accessions Reveals Large Differences in Signaling Induced by Oral Secretions of the Specialist Herbivore Manduca sexta. Plant Physiol 146:927-939.

5장

Alerstam T (1987) Radar observations of the stoop of the Peregrine Falcon Falco peregrinus and the Goshawk Accipiter gentilis. 129:267-273.

Aquiloni L, Gherardi F (2010) Crayfish females eavesdrop on fighting males and use smell and sight to recognize the identity of the winner. Anim Behav 79:265-269.

Barrett-Lennard LG, Ford JKB, Heise KA (1996) The mixed blessing of echolocation: differences in sonar use by fish-eating and mammal-eating killer whales. Anim Behav 51:553-565.

Bergbauer M (2018) Was lebt in tropischen Meeren? Franckh-Kosmos Verlags-GmbH & Company KG.

Beyer M, Czaczkes TJ, Tuni C (2018) Does silk mediate chemical communication between the sexes in a nuptial feeding spider? Behav Ecol Sociobiol 72:1-9.

Breithaupt T, Eger P (2002) Urine makes the difference: Chemical communication in fighting crayfish made visible. J Exp Biol 205:1221-1231.

Buchanan KL, Catchpole CK (1997) Female choice in the sedge warbler, Acrocephalus schoenobaenus: Multiple cues from song and territory quality. Proc R Soc B Biol Sci 264:521-526.

Burns E, Ilan M (2003) Comparison of anti-predatory defenses of Red Sea and Caribbean sponges. II. Physical defense. Mar Ecol Prog Ser 252:115-123.

Catchpole CK (1980) Sexual selection and the evolution of complex songs among European warblers of the genus Acrocephalus. Behaviour 74:149-165.

Charlton BD, Ellis WAH, Brumm J, et al (2012) Female koalas prefer bellows in which lower formants indicate larger males. Anim Behav 84:1565-1571.

Charlton BD, Frey R, McKinnon AJ, et al (2013) Koalas use a novel vocal organ to produce unusually low-pitched mating calls. Curr Biol 23:1035-1036.

Daura-Jorge FG, Cantor M, Ingram SN, et al (2012) The structure of a bottlenose dolphin society is coupled to a unique foraging cooperation with artisanal fishermen. Biol Lett 8:702-705.

Dean J, Aneshansley DJ, Edgerton HE, Eisner T (1990) Defensive spray of the bombardier beetle: A biological pulse jet. Science 248:1219-1221.

Deecke VB, Slater PJB, Ford JKB (2002) Selective habituation shapes acoustic predator recognition in harbour seals. Nature 420:171.

Deecke VB, Ford JKB, Slater PJB (2005) The vocal behaviour of mammal-eating killer whales: communicating with costly calls. Anim Behav 69:395-405.

Donaghey R (1981) Parental strategies in the green catbird (Ailuroedus crassirostris) and the satin bower-bird (Ptilonorhynchus violaceus). Monash University, Melbourne, Victoria.

Earley RL, Dugatkin LA (2002) Eavesdropping on visual cues in green swordtail (Xiphophorus helleri) fights: A case for networking. Proc R Soc B Biol Sci 269:943-952.

Eckert J (2008) Lehrbuch der Parasitologie für die Tiermedizin. 3. Auflage. Georg Thieme Verlag, Stuttgart.

Ford JKB, Ellis GM, Barrett-Lennard LG, et al (1998) Dietary specialization in two sympatric populations of killer whales (Orcinus orca) in coastal British Columbia and adjacent waters. Can J Zool 76:1456-1471.

Francq EN (1969) Behavioral Aspects of Feigned Death in the Opossum Didelphis marsupialis. Am Midl Nat 81:556-568.

Freeman AS (2007) Specificity of induced defenses in Mytilus edulis and asymmetrical predator deterrence. Mar Ecol Prog Ser 334:145-153.

Frisch K, Chadwick LE (1967) The Dance Language and Orientation of Bees. Harvard Univ. Press, Cambridge, MA.

Gäde G, Weeda E, Gabbott PA (1978) Changes in the Level of Octopine during the Escape Responses of the Scallop, Pecten maximus (L.). J Comp Physiol B 124:121-127.

Gewalt W (1965) Formverändernde Strukturen am Halse der männlichen Großtrappe (Otis tarda L.). Bonner zool. Beiträge 16:288-300.

Gey MH (2017) Instrumentelles und Bioanalytisches Praktikum. Springer-Verlag, Berlin Heidelberg.

Gorman ML, Mills MGL (1984) Scent marking strategies in hyaenas (Mammalia). J Zool 202:535-547.

Gorman ML (1990) Scent-marking strategies in mammals. Rev Suisse Zool 97:3-29.

Gosling LM, Roberts SC (2001) Testing ideas about the function of scent marks in territories from spatial patterns. Anim Behav 62:F7-F10.

Griffin AS (2004) Social learning about predators: a review and prospectus. Learn Behav 32:131-40.

Hansen LS, Gonzales SF, Toft S, Bilde T (2008) Thanatosis as an adaptive male mating strategy in the nuptial gift-giving spider Pisaura mirabilis. Behav Ecol 19:546-551.

Hawkins AD, Johnstone ADF (1978) The hearing of the Atlantic salmon, Salmo salar. J Fish Biol 13:655-673.

Haydak MH (1945) The language of the honeybees. Am Bee J 85:316-317.

Herberholz J, Schmitz B (1998) Role of mechanosensory stimuli in intraspecific agonistic encounters of the snapping shrimp (Alpheus heterochaelis). Biol Bull 195:156-167.

Hesterman ER, Mykytowycz R (1968) Some observations on the odours of anal gland secretions from the rabbit, Oryctolagus cuniculus (L.). CSIRO Wildl Res 13:71-81.

Hidalgo De Trucios SJ, Carranza J (1991) Timing, structure and functions of the courtship display in male great bustard. Ornis Scand 22:360-366.

Hoving HJT, Bush SL, Robison BH (2012) A shot in the dark: Same-sex sexual behaviour in a deep-sea squid. Biol Lett 8:287-290.

Hutchings MR, Service KM, Harris SE (2002) Is population density correlated with faecal and urine scent marking in European badgers (Meles meles) in the UK? Mamm Biol 67:286-293.

Irwin MT, Samonds KE, Raharison J, Wright PC (2004) Lemur Latrines: Observations of Latrine Behavior in Wild Primates and Possible Ecological Significance. J Mammal 85:420-427.

Janik VM, Sayigh LS, Wells RS (2006) Signature whistle shape conveys identity information to bottlenose dolphins. Proc Natl Acad Sci 103:8293-8297.

Johansson BG, Jones TM (2007) The role of chemical communication in mate choice. Biol Rev 82:265-289.

Jordan NR, Cherry MI, Manser MB (2007) Latrine distribution and patterns of use by wild meerkats: implications for territory and mate defence. Anim Behav 73:613-622.

Kamio M, Nguyen L, Yaldiz S, Derby CD (2010) How to produce a chemical defense: Structural elucidation and anatomical distribution of aplysioviolin and phycoerythrobilin in the sea hare Aplysia californica. Chem Biodivers 7:1183-1197.

Kelley LA, Endler JA (2017) How do great bowerbirds construct perspective illusions? R Soc Open Sci 4:160661. doi: 10.1098/rsos.160661.

Kruuk H (1978) Spatial organization and territorial behaviour of the European badger Meles meles. J Zool 184:1-19.

Land BB, Seeley TD (2004) The grooming invitation dance of the honey bee. Ethology 110:1-10.

Lewanzik D, Goerlitz HR (2018) Continued source level reduction during attack in the low-amplitude bat Barbastella barbastellus prevents moth evasive flight. Funct Ecol 32:1251-1261.

Lloyd JE (1975) Aggressive Mimicry in Photuris Fireflies: Signal Repertoires by Femmes Fatales. Science 187:452-453.

Lück E, Jager M (2013) Chemische Lebensmittelkonservierung: Stoffe – Wirkungen – Methoden. Springer-Verlag, Heidelberg, Berlin.

MacColl R, Galivan J, Berns DS, et al (1990) The chromophore and polypeptide composition of Aplysia ink. Biol Bull 179:326-331.

MacDonald DW (1980) Patterns of scent marking with urine and faeces amongst carnivore communities. In: Symposia of the Zoological Society of London. pp 107-139.

Manser MB (2001) The acoustic structure of suricates' alarm calls varies with predator type and the level of response urgency. Proc R Soc B Biol Sci 268:2315-2324.

Marzo V Di, Marin A, Vardaro R, et al (1993) Histological and biochemical bases of defense mechanisms in four species of Polybranchioidea ascoglossan molluscs. Mar Biol 117:367-380.

Miller PJO, Shapiro AD, Tyack PL, Solow AR (2004) Call-type matching in vocal exchanges of free-ranging resident killer whales, Orcinus orca. Anim Behav 67:1099-1107.

Mills MGL, Gorman ML, Mills MEJ (1980) The scent marking behaviour of the brown hyaena Hyaena brunnea. S Afr J Zool 15:240-248.

Milum VG (1955) Honey bee communication. Am Bee J 95:97-104.

Monclús R, de Miguel FJ (2003) Distribución espacial de las letrinas de conejo (Oryctolagus cuniculus) en el Monte de Valdelatas (Madrid). Galemys 15:157-165.

Müller WA, Frings S, Möhrlen F (2019) Tier-und Humanphysiologie: Eine Einführung. Springer-Verlag, Berlin, Heidelberg.

Mykytowycz R (1974) Odor in the spacing behaviour of mammals. In: Birch MC (ed) Pheromones. Amsterdam: North-Holland, pp 327-343.

Mykytowycz R (1968) Territorial marking by rabbits. Sci Am 218:116-126.

Mykytowycz R, Gambale S (1969) The Distribution of Dung-Hills and the Behaviour of free living Wild Rabbits, Oryctolagus cuniculus (L.), on them. Forma Funct 1:333-349.

Mykytowycz R, Hesterman ER (1970) The behaviour of captive wild rabbits, Oryctolagus cuniculus (L.) in response to strange dung-hills. Forma Funct 2:1-12.

Mykytowycz R, Hestermann ER (1975) An Experimental Study of Aggression in Captive European Rabbits, Oryctolagus cuniculus. Behaviour 52:104-123.

Mykytowycz R (1964) Territoriality in rabbit populations. Aust Nat Hist

14:326-329.

Mykytowycz R (1962) Territorial Function of Chin Gland Secretion in the Rabbit, Oryctolagus cuniculus (L.). Nature 193:799. doi: 10.1038/193799a0.

Nachtigall W (2013) Biomechanik: Grundlagen, Beispiele, Übungen. Vieweg & Sohn Verlagsgesellschaft mbH, Braunschweig, Wiesbaden.

Nolen TG, Johnson PM, Kicklighter CE, Capo T (1995) Ink secretion by the marine snail Aplysia californica enhances its ability to escape from a natural predator. J Comp Physiol A 176:239-254.

Pawlik JR, Chanas B, Toonen RJ, Fenical W (1995) Defenses of Caribbean sponges against predatory reef fish. I. Chemical deterrency. Mar Ecol Prog Ser 127:183-194.

Penney HD, Hassall C, Skevington JH, et al (2012) A comparative analysis of the evolution of imperfect mimicry. Nature 483:461-464.

Pietsch TW, Balushkin A V., Fedorov V V. (2006) New records of the rare deep-sea anglerfish Diceratias trilobus Balushkin and Fedorov (Lophiiformes: Ceratioidei: Diceratiidae) from the Western Pacific and Eastern Indian Oceans. J Ichthyol 46:S97-S100.

Prange S, Gehrt SD, Wiggers EP (2003) Demographic Factors Contributing to High Raccoon Densities in Urban Landscapes. J Wildl Manage 67:324-333.

Quaisser C (1996) Der Einfluß von Reizen auf die Herzschlagrate brütender Großtrappen (Otis t. tarda L., 1758). Naturschutz und Landschaftspfl Brand 5:103-121.

Quaisser C, Hüppop O (1995) Was stört den Kulturfolger Großtrappe Otis tarda in der Kulturlandschaft? Der Ornithol Beobachter 92:269-274.

Reber SA, Townsend SW, Manser MB (2013) Social monitoring via close calls in meerkats. Proc R Soc B Biol Sci 280:20131013. doi: 10.1098/rspb.2013.1013

Ritzmann RE (1974) Mechanisms for the snapping behavior of two alpheid shrimp; Alpheus californiensis and Alpheus heterochelis. J

Comp Physiol 95:217-236.

Roper TJ, Conradt L, Butler J, et al (1993) Territorial marking with faeces in badgers (Meles meles): a comparison of boundary and hinterland latrine use. Behaviour 127:289-307.

Roper TJ, Shepherdson DJ, Davies JM (1986) Scent marking with faeces and anal secretion in the European badger (Meles meles): seasonal and spatial characteristics of latrine use in relation to territoriality. Behaviour 97:94-117.

Ryne C (2009) Homosexual interactions in bed bugs: alarm pheromones as male recognition signals. Anim Behav 78:1471-1475.

Seyfarth RM, Cheney DL, Marler P (1980) Monkey responses to three different alarm calls: evidence of predator classification and semantic communication. Science 210:801 LP-803.

Simões-Lopes PC, Fabián ME, Menegheti JO (1998) Dolphin interactions with the mullet artisanal fishing on Southern Brazil: a qualitative and quantitative approach. Rev Bras Zool 15:709-726.

Sneddon IA (1991) Latrine Use by the European Rabbit (Oryctolagus cuniculus). J Mammal 72:769-775.

Thomas GE, Gruffydd LD (1971) The types of escape reactions elicited in the scallop Pecten maximus by selected sea-star species. Mar Biol 10:87-93.

Thomsen F, Franck D, Ford JKB (2002) On the communicative significance of whistles in wild killer whales (Orcinus orca). Naturwissenschaften 89:404-407.

Toledo LF, Sazima I, Haddad CFB (2011) Behavioural defences of anurans: an overview. Ethol Ecol Evol 23:1-25.

Townsend SW, Manser MB (2012) Functionally referential communication in mammals: The past, present and the future. Ethology 118:1-11.

Trussell GC (1996) Phenotypic Plasticity in an Intertidal Snail: The Role of a Common Crab Predator. Evolution (N Y) 50:448-454.

Vellenga RETA (1970) Behavior of the male satin bower-bird at the bower. Austral Bird Bander 1:3-8.

Vellenga R (1980) Distribution of bowers of the satin bowerbird Ptilonorhynchus violaceus. Emu 81:27-33.

von Byern J, Dorrer V, Merritt DJ, et al (2016) Characterization of the fishing lines in titiwai(=Arachnocampa luminosa Skuse, 1890) from New Zealand and Australia. PLoS One 11:e0162687. doi: 10.1371/journal.pone.0162687.

von Holst D, Hutzelmeyer H, Kaetzke P, et al (1999) Social Rank, Stress, Fitness, and Life Expectancy in Wild Rabbits. Naturwissenschaften 86:388-393.

Wickler W (1963) Zum Problem der Signalbildung, am Beispiel der Verhaltens-Mimikry zwischen Aspidontus und Labroides (Pisces, Acanthopterygii). Z Tierpsychol 20:43-48.

Wilson B, Batty RS, Dill LM (2004) Pacific and Atlantic herring produce burst pulse sounds. Proc R Soc B Biol Sci 271:95-97.

Witzany G (2013) Biocommunication of animals. In: Biocommunication of Animals. pp 1-420.

Wronski T, Plath M (2010) Characterization of the spatial distribution of latrines in reintroduced mountain gazelles (Gazella gazella): do latrines demarcate female group home ranges?

Wronski T, Apio A, Plath M, Ziege M (2013) Sex difference in the communicatory significance of localized defecation sites in Arabian gazelles (Gazella arabica). J Ethol 31:129-140.

Yeargan AK V, Quate LW (1996) Juvenile Bolas Spiders Attract Psychodid Flies. Oecologia 106:266-271.

Yeargan K V (1988) Ecology of a bolas spider, Mastophora hutchinsoni: phenology, hunting tactics, and evidence for aggressive chemical mimicry. Oecologia 74:524-530.

Yeargan K V (1994) Biology of Bolas Spiders. Annu Rev Entomol 39:81-99.

Zollner PA, Smith WP, Brennan LA (1996) Characteristics and adaptive significance of latrines of swamp rabbits (Sylvilagus aquaticus). J Mammal 77:1049-1058.

6장

Barrett CG (1901) B. betularia. Br Lepid 7:127-134.

Bishop JA (1972) An Experimental Study of the Cline of Industrial Melanism in Biston betularia (L.) (Lepidoptera) between urban Liverpool and rural North Wales. J Anim Ecol 41:209-243.

Davison J, Huck M, Delahay RJ, Roper TJ (2009) Restricted ranging behaviour in a high-density population of urban badgers. J Zool 277:45-53.

Defries RS, Foley JA, Asner GP (2004) Land-use choices: balancing human needs and ecosystem function. Front Ecol Environ 2:249-257.

Edleston RS (1864) First carbonaria melanic of moth Biston betularia. Entomologist 2:150.

Evans KL, Newton J, Gaston KJ, et al (2012) Colonisation of urban environments is associated with reduced migratory behaviour, facilitating divergence from ancestral populations. Oikos 121:634-640.

Francis RA, Chadwick MA (2012) What makes a species synurbic? Appl Geogr 32:514-521.

Harris S (1982) Activity patterns and habitat utilization of badgers (Meles meles) in suburban Bristol: a radio tracking study. In: Symposia of the Zoological Society of London. Published for the Zoological Society by Academic Press, pp 301-323.

Hof AEV t., Campagne P, Rigden DJ, et al (2016) The industrial melanism mutation in British peppered moths is a transposable element. Nature 534:102-105.

Hu Y, Cardoso GC (2009) Are bird species that vocalize at higher frequencies preadapted to inhabit noisy urban areas? Behav Ecol 20:1268-1273.

Johnson MTJ, Munshi-South J (2017) Evolution of life in urban environments. Science 358:eaam8327. doi: 10.1126/science.

Kettlewell HBD (1955) Selection experiments on industrial melanism in the Lepidoptera. Heredity 10:323.

Kettlewell HBD (1958) A survey of the frequencies of biston betularia

(L.) (LEP.) and its melanic forms in Great Britain. Heredity 12:51.

LaPoint S, Balkenhol N, Hale J, et al (2015) Ecological connectivity research in urban areas. Funct Ecol 29:868-878.

Luniak M (2004) Synurbanization – adaptation of animal wildlife to urban development. In: Shaw WW, Harris LK, Vandruff L (eds) Proceedings of the 4th International Urban Wildlife Symposium. University of Arizona, Tucson, Arizona, USA, pp 50-55.

Majerus MEN (2009) Industrial Melanism in the Peppered Moth, Biston betularia: An Excellent Teaching Example of Darwinian Evolution in Action. Evol Educ Outreach 2:63-74.

Nemeth E, Brumm H (2009) Blackbirds sing higher-pitched songs in cities: adaptation to habitat acoustics or side-effect of urbanization? Anim Behav 78:637-641.

Nemeth E, Pieretti N, Zollinger SA, et al (2013) Bird song and anthropogenic noise: vocal constraints may explain why birds sing higher-frequency songs in cities. Proc R Soc B Biol Sci 280:2012-2798.

Nisbet EK, Zelenski JM, Murphy SA (2009) The Nature Relatedness Scale. Linking Individuals' Connection With Nature to Environmental Concern and Behavior. Environ Behav 41:715-740.

Prange S, Gehrt SD, Wiggers EP (2003) Demographic Factors Contributing to High Raccoon Densities in Urban Landscapes. J Wildl Manage 67:324-333.

Rabin LA, McCowan B, Hooper SL, Owings DH (2003) Anthropogenic Noise and its Effect on Animal Communication: An Interface Between Comparative Psychology and Conservation Biology. Int J Comp Psychol ISCP 16:172-192.

Rodewald AD, Gehrt SD (2014) Wildlife Population Dynamics in Urban Landscapes. In: McCleery RA, Moorman CE, Peterson MN (eds) Urban Wildlife Conservation – Theory and Praxis. Springer, New York, pp 117-147.

Roper TJ, Conradt L, Butler J, et al (1993) Territorial marking with faeces in badgers (Meles meles): a comparison of boundary and hinterland latrine use. Behaviour 127:289-307.

Roper TJ, Shepherdson DJ, Davies JM (1986) Scent marking with faeces and anal secretion in the European badger (Meles meles): seasonal and spatial characteristics of latrine use in relation to territoriality. Behaviour 97:94-117.

Russell R, Guerry AD, Balvanera P, et al (2013) Humans and Nature: How Knowing and Experiencing Nature Affect Well-Being. Annu Rev Environ Resour 38:473-502.

Ryan AM, Partan SR (2014) Urban Wildlife Behavior. In: Urban Wildlife Conservation – Theory and Praxis. pp 149-173.

Šálek M, Drahníková L, Tkadlec E (2015) Changes in home range sizes and population densities of carnivore species along the natural to urban habitat gradient. Mamm Rev 45:1-14.

Slabbekoorn H, Peet M (2003) Birds sing at a higher pitch in urban noise. Nature 424:267.

Slabbekoorn H (2013) Songs of the city: noise-dependent spectral plasticity in the acoustic phenotype of urban birds. Anim Behav 85:1089-1099.

Slabbekoorn H, Boer-Visser A den (2006) Cities Change the Songs of Birds. Curr Biol 16:2326-2331.

Tucker MA, Böhnung-Gaese K, Fagan WF, et al (2018) Moving in the Anthropocene: Global reductions in terrestrial mammalian movements. Science 359:466-469.

Tutt JW (1896) British moths. George Routledge, London.

Vining J, Merrick MS, Price EA (2008) The Distinction between Humans and Nature: Human Perceptions of Connectedness to Nature and Elements of the Natural and Unnatural. Hum Ecol Rev 15:1-11.

Wiley RH, Richards DG (1978) Physical constraints on acoustic communication in the atmosphere: implications for the evolution of animal vocalizations. Behav Ecol Sociobiol 3:69-94.

숲은 고요하지 않다

초판 1쇄 발행 2021년 4월 23일
초판 5쇄 발행 2023년 10월 18일

지은이 마들렌 치게
옮긴이 배명자
감 수 최재천
펴낸이 유정연

이사 김귀분
책임편집 조현주 **기획편집** 신성식 유리슬아 서옥수 황서연 정유진 **디자인** 안수진 기경란
마케팅 반지영 박중혁 하유정 **제작** 임정호 **경영지원** 박소영

펴낸곳 흐름출판 **출판등록** 제313-2003-199호(2003년 5월 28일)
주소 서울시 마포구 월드컵북로5길 48-9(서교동)
전화 (02)325-4944 **팩스** (02)325-4945 **이메일** book@hbooks.co.kr
홈페이지 http://www.hbooks.co.kr **블로그** blog.naver.com/nextwave7
출력·인쇄·제본 상지사 **용지** 월드페이퍼(주)

ISBN 978-89-6596-437-7 03400